冀望风云 平安燕赵

河北省气象灾害防御科普读本

河北省气象灾害防御中心 编

图书在版编目(CIP)数据

冀望风云 平安燕赵：河北省气象灾害防御科普读本 / 河北省气象灾害防御中心编. —北京：气象出版社，2017.3

ISBN 978-7-5029-6241-8

I.①冀… II.①河… III.①气象灾害－灾害防治－河北 IV.①P429

中国版本图书馆CIP数据核字(2017)第044576号

冀望风云 平安燕赵——河北省气象灾害防御科普读本
JIWANG FENGYUN PINGAN YANZHAO—HEBEI SHENG QIXIANG ZAIHAI FANGYU KEPU DUBEN

出版发行：气象出版社

地 址：北京市海淀区中关村南大街46号   邮政编码：100081

电 话：010-68407112(总编室) 010-68409198(发行部)

网 址：http://www.qxcbs.com   E-mail:qxcbs@cma.gov.cn

责任编辑：邵 华 胡育峰   终 审：邵俊年

责任校对：王丽梅   责任技编：赵相宁

设 计：潟沫视觉品牌设计工作室

印 刷：中国电影出版社印刷厂

开 本：710mm×1000mm 1/16   印 张：10.25

字 数：130千字

版 次：2017年3月第1版   印 次：2017年3月第1次印刷

定 价：60.00元

《冀望风云 平安燕赵
——河北省气象灾害防御科普读本》
编委会

主　编：陈小雷

副主编：郭丽丽

编　委（按姓氏笔画排序）：

　　　　刘庆爱　刘怀玉　刘　浩　张　娜　俞海洋

　　　　娄朋举　彭相瑜　景　华　解文娟　魏　军

目录
Contents

雾

霾

连阴雨

大风

沙尘暴

河北省气象灾害防御体系

参考文献

河北省的
气候特征

Climatic
Characteristics of
Hebei Province

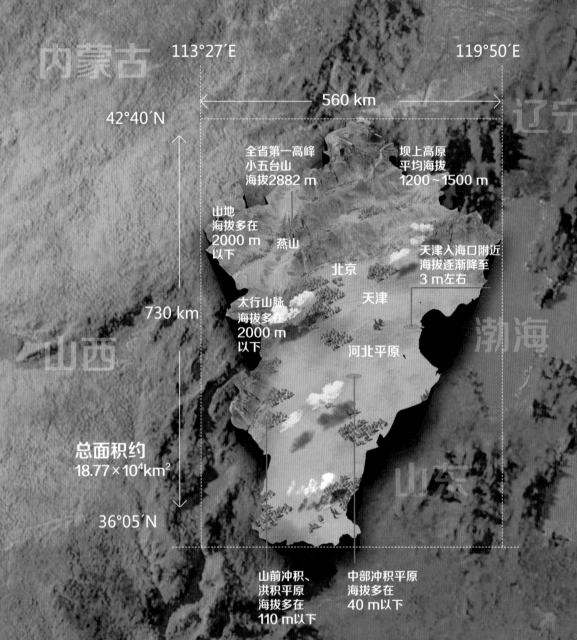

内蒙古

113°27′E

119°50′E

辽宁

560 km

42°40′N

全省第一高峰
小五台山
海拔2882 m

坝上高原
平均海拔
1200~1500 m

山地
海拔多在
2000 m
以下

燕山

北京

天津入海口附近
海拔逐渐降至
3 m左右

730 km

太行山脉
海拔多在
2000 m
以下

天津

渤海

河北平原

山西

总面积约
18.77×10⁴km²

36°05′N

山东

山前冲积、
洪积平原
海拔多在
110 m以下

中部冲积平原
海拔多在
40 m以下

河南

河北省自然地理概况

　　河北省东濒渤海,西倚太行山,南接黄淮平原,北连蒙古高原,南北跨越约6.5个纬距。全境大体上由高原、山地和平原,即坝上高原、由燕山山脉与太行山脉所构成的山地以及河北平原三部分组成,并自西北向东南依次排列,形成西北高、东南低的逐级下降地势,高低相差悬殊,全省最高与最低处之差达2800余米。

　　河北省地貌复杂多样,除高原、山地和平原外,尚有丘陵和盆地。多样的地貌特征造就了河北省独具特色的气候特征。

坝上高原面积占8.5%

山地面积占35.0%

平原面积占43.4%

丘陵和盆地占13.1%

坝上高原区

与内蒙古高原相连,地势比较平坦开阔,冬半年易受冷空气袭击,是河北省大风发生最多的区域。

北部山地

北部山地,孤峰林立,有利于削弱冷空气,对冷空气南侵在一定程度上起"屏障"作用。同样,也使南方暖湿空气不易深入北部山地和坝上高原。

内蒙古

内陆平原区

河北平原向东南方向延伸,无大山阻挡暖湿空气深入;而对于冷空气,则有位于北部和西部的两个"屏障",因此河北省平原连同燕山南麓到太行山东麓的山区降水多,而寒潮和大风少。

西部山区

太行山基本上呈南北走向,西来冷空气越过太行山后,在其东麓常产生焚风,故太行山对西来冷空气东袭河北省平原起一定的"屏障"作用。此外,太行山又是偏东风的迎风坡,回流降水往往在太行山东麓严重,春、秋季易造成连阴雨;夏季暖湿的东南气流在太行山东麓爬升,易出现持续性特大暴雨。

自然地理条件对气候的影响

　　地势、地貌、山脉走向、纬度以及渤海等自然地理环境都是影响河北省气候特征的因素。

　　此外，有一些受局地小地形影响的气候，例如盆地和河川谷地年平均气温较同海拔的山地高，山脉的迎风坡、喇叭口等地形有利于暴雨的发展、加强等。

渤海

　　渤海为中国内海，一般只有河北省近海地区受其影响大，气温夏季低于内陆，秋、冬季则高于内陆。渤海海面受地形影响向西收缩成渤海湾，有利于偏东风加强，因而滨海平原（一般距海岸100千米左右）多回流天气偏东大风，常伴有低云，有时伴有降水。

小常识

　　焚风：西来冷空气越山后下沉增温。

　　回流：冷空气从东北平原南下，经过渤海以偏东路径侵入河北省。

河北省气候概况

　　河北省地处中纬度欧亚大陆东岸,属于温带半湿润半干旱大陆性季风气候,四季分明。冬季寒冷干燥、雨雪稀少;春季冷暖多变,干旱多风;夏季炎热潮湿、雨量集中;秋季风和日丽,凉爽少雨。河北省季风气候明显,天气、气候复杂,气象灾害频发。

多年平均气温

康宝最低: 1.8℃

沙河出现河北省最高
气温极值: 44.4℃

峰峰最高: 14.2℃

多年平均风速

张北最大: 4.0m/s

张北

多年平均辐射

冀北山地区

冀西山地区

冀西北及冀北高原辐射为
5600-5966MJ/m²,
属全省总辐射最多地区

多年平均降水

兴隆

遵化

紫荆关

涞源

阜平

浆水

太行山、燕山山脉存在四个
多雨中心,即兴隆—遵化、涞
源—紫荆关、阜平、浆水

河北省气象灾害特点综述

河北省范围内,气象灾害的种类繁多且发生频繁,主要包括水灾、旱灾、风灾、雹灾、雷电灾、冻灾(寒潮、霜冻)等多种气象灾害,气象次生灾害主要包括风暴潮、泥石流、滑坡等。河北省气象灾害具有以下显著特点。

● 灾害的种类多、频次高、范围广

河北省每年都会有多种灾害发生,而且有些灾害每年还会以多种形式发生多次,频次较高。如旱灾,就有春旱、春夏连旱、伏旱、秋旱、冬春连旱等;风灾既有冬季的寒潮大风,又有夏季的雷雨大风、龙卷风等。各种灾害每年几乎遍及河北省各地,形成河北省范围内的多灾局面。

● 旱涝交替发生,呈阶段性且往往多灾并发

河北省每年都有一些地方发生严重干旱,同时,另一些地区又遭受洪涝灾害袭击。从河北省旱涝灾害发生历史记录看,往往是连续几年、几十年多旱灾,而另一个时期多洪涝灾,呈现出一定的阶段性。在旱涝交替发生的过程中,往往还会伴有多种灾害同时发生。如在洪涝灾害发生的同时,常常伴有雷电、大风、冰雹等气象灾害。

● 各种气象灾害的区域分布明显且相对稳定

受气候、地理位置、地形等因素的影响,河北省各类气象灾害大致分布区域如下:北部张家口、承德地区,冬春多大风、沙尘暴、大雪、冰雹天气,夏、秋季多干旱、暴雨及霜冻天气;西部太行山地区多干旱天气,但夏季太行山迎风坡易发生暴雨,引起洪涝灾害;东部沿海地区易受台风、海啸袭击发生风暴潮,且多受风雹危害;沧州、衡水以及邢台、廊坊、保定部分地区为河北省易发生干旱区域,平原地区许多纵横交错的缓岗洼地易发生沥涝。河北省受冬季强冷空气的影响,寒潮大风天气较多。

● 特大灾害频繁发生,损失惨重

关于河北省特大气象灾害的记述屡见史端。中华人民共和国成立以来,多次遭受特大气象灾害袭击,如1954、1956、1963、1977和1996年的大水洪涝灾害,1965、1972、1975、1992、1997年以及1980年起的10年旱灾等。频繁严重的气象灾害给河北省的工农业生产及人民生命财产带来严重损失。

坝上高原区

指张家口和承德地区的北部高原地带。该区冬季严寒,积雪期长。冬、春季多西北大风,8 级以上的大风并非少见,常造成"白毛风"和"黄毛风"。夏季气候温凉,多雷雨、冰雹和雾。

北部山区

包括除坝上高原以外的张家口地区和承德地区北部。该区绝大部分晴天多,云雾少;冬季有些山梁、风口,气温低,大风多,仅次于坝上;冬、春季洋河、桑干河河谷多大风、沙尘;夏季凉爽,多局部暴雨、山洪、雷暴和冰雹,尤其燕山南麓暴雨之多为河北省之冠。

西部山区

指保定、石家庄、邢台和邯郸四地区的西部地带。全区降雨较多,夏季北段暴雨较多,值得注意的是本区有可能出现持续性特大暴雨;春、秋季南段有可能出现强连阴雨;涞源山地冬季寒冷,风大,夏季多冰雹;平山至赞皇一带夏季酷热,闷热天气较多;其他大部分地方冬季不甚寒冷,夏季不太炎热,风小,沙尘少,湿度不大。

气候分区

根据河北省自然地理条件和气候的分布特征,将河北省分为五个气候区:坝上高原区、北部山区、西部山区、内陆平原区和滨海平原区。

滨海平原区

包括秦皇岛地区、唐山地区南部、廊坊地区和沧州地区东部。该区春季多东北大风;夏季多雨,闷热潮湿,夜间多雷暴天气;冬季多雾。

内陆平原区

包括保定、石家庄、邢台和邯郸四地区的京广线以东地带,以及衡水地区和沧州地区西部。该区春季少雨干旱,邢台、衡水等地多局部风沙;夏季炎热潮湿,风小;秋、冬季多雾。

海河流域气候特征

　　海河流域内多年平均降水量为539毫米,且年内分配非常集中,汛期（6—9月）降水量占全年的75%~85%,往往集中在一两次暴雨。降水量年际变化大,具有连枯连丰的特点。

　　流域暴雨形成的洪水,洪峰高、洪量集中,预见期短,突发性强,时空分布极不均匀,给防洪减灾和雨洪利用增加了难度。

　　流域山区水土流失严重,以永定河、滹沱河和漳河等尤为突出,洪水含沙量大,造成水库淤积严重。

永定河

海河

子牙河

南运河

清水河

海河流域历史上的灾害统计

　　海河流域洪涝灾害频繁,是灾害损失严重的地区。据统计,1469—1948年的480年间,流域内发生水灾194次,其中大水灾14次,给人民生命财产带来十分惨重的损失。新中国成立后,流域内发生水灾22次,其中大水灾3次。1963年海河南系发生特大洪水,受灾人口4079万,直接经济损失约80亿元。1996年海河南系又发生了1963年以来的最大洪水,洪水总量虽然相当于1963年的24%,但经济损失约400亿元。

　　近50年来,海河流域年降水量呈明显减少趋势,平均每10年减少21毫米,年气温呈明显升高趋势,平均每10年升高0.3℃。海河流域气候暖干化趋势造成地表水资源大量减少,平均每10年减少18%。

海河流域及渤海气候特征

渤海气候特征

渤海为我国内海,受陆地气候和水文影响较大,具有季风明显,浪小潮弱,结冰严重的特点。渤海风向具有明显的季节变化,冬季盛行偏北风,夏季盛行偏南风,春、秋季为过渡季节。

渤 海

渤海的风

海上风速一般大于陆地,且离岸愈远,风速愈大。渤海以风浪为主,只有海峡夏季涌浪多于风浪,春、夏季东南浪最多,秋、冬季偏北浪最多。

渤海的潮

受风的影响,每次潮水涨落的时间相差很大,偏东风潮涨得快,落得慢;偏西风则涨得慢,落得快。如果遇到强烈持续的大风,还可能使潮位出现骤涨骤落或几天不涨不落的现象。大风还可能引起风暴潮,夏季一般由台风造成,其他季节多在寒潮或冷空气入侵时的东北大风下产生。

渤海的雾

渤海沿岸平均每年有10天左右的大雾,多为陆上辐射雾延伸到海上,主要出现在冬、春季,一般日出前生成,日落后逐渐消散,影响范围不大;渤海中部海面和海峡每年有20 ~ 50天大雾,主要是夏季平流雾,多产生于下半夜和拂晓前,一般维持5 ~ 7小时,有时终日或连续数日不消,此种雾浓度大,变化小。此外,还有降水雾,多出现在春、秋季微风小雨的天气,维持时间也较长。

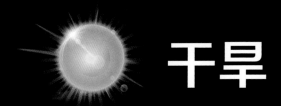

干旱

Drought

　　干旱是河北省发生最频繁、对农业影响最大的气象灾害。受大陆性季风气候影响，河北大部分地区年降水量不足，降水变率大，季节分布不均，春旱、初夏旱、伏旱、秋旱发生频繁，其中又以春旱最为频繁，素有"十年九春旱"之说。干旱和水资源不足已成为制约河北省经济发展的重要因素。

什么是干旱

干旱:是指由水分的收与支或供与求不平衡形成的水分短缺现象。通常包含干旱气候和干旱灾害两种含义。

·干旱气候

指某地多年无降水或降水很少的一种气候现象,通常将年降水量少于250毫米的地区称为干旱地区,年降水量为250～500毫米的地区称为半干旱地区。

·干旱灾害

指某地在某一时段内的降水量比其多年平均降水量显著偏少,导致经济活动(尤其是农业生产)和人类生活受到较大危害的现象。

干旱气候和干旱灾害两者区别在于干旱气候一般是长期的现象,而干旱灾害却不同,它只是属于偶发性的自然灾害,甚至在通常水量丰富的地区也会因一时的气候异常和水资源短缺而导致旱灾。河北省大部分地区均为半湿润气候,但却是一个旱灾高发区,大部分地区的干旱频率均在60%以上,其主要原因一方面在于河北省的降水分配不均,7和8月两个月的降水量占全年降水总量的80%,使得冬、春季极易出现持续干旱。另一方面,河北省水资源严重不足,人均和亩均水资源量都相当于全国平均值的1/8。

中国干湿气候分区图

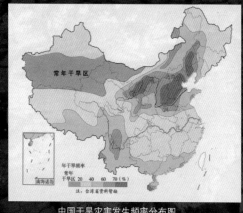

中国干旱灾害发生频率分布图

· 干旱的分类

美国气象学会将干旱定义为四种类型：
气象干旱或气候干旱、农业干旱、水文干旱及社会经济干旱。

①气象干旱

由降水和蒸发的收支不平衡造成的异常水分短缺现象，其特点是可很快结束。

②水文干旱

由降水和地表水或地下水收支不平衡造成的异常水分短缺现象，其特点是持续时间长。

③农业干旱

由外界环境因素造成作物体内水分亏缺，影响作物正常生长发育，进而导致减产或失收的现象，涉及土壤、作物、大气和人类对资源利用等多方面因素，其特点是影响作物生长。

④社会经济干旱

由于经济、社会的发展需水量日益增加，以水分影响生产、消费活动等来描述的干旱，其特点是与气象干旱、水文干旱、农业干旱相联系。

（来源：AMS，1997）

河北省历史上的干旱事件

年份	受灾面积 /万公顷	成灾面积 /万公顷	灾情描述
1986	265	206.1	春季全省偏旱，夏季邢台、邯郸地区玉米出现"卡脖旱"，粮食减产15.55亿千克。
1987	308.9	237.6	河北省中南部及张家口地区遭遇严重的伏旱，受灾人口2394.71万，秋粮绝收人口183.25万。
1992	311.9	235.9	出现全省范围的长期持续干旱，致使66.7万公顷粮食作物未能及时播种；山区3300多个村，160多万人发生饮水困难。
1997	343.9	268.5	出现全省范围的特大干旱，6—8月持续高温少雨，有约27万公顷夏播作物不能按时播种，全省麦田严重受旱面积达44.7万公顷，13.3万公顷出现死苗断垄，此外，长期干旱还导致地下水位明显下降，大量机井抽水不足或无水可抽，部分城乡居民饮水困难。
1999	304.8	227	河北省中南部地区长期持续干旱，尤以夏旱最为严重，但与大旱年（1997年）相比，轻旱面积较大，大旱和特大旱面积较小。
2000	297.5	221.1	河北省春季降水严重偏少，其中石家庄、邢台、邯郸比常年偏少80%，119万人、22万头牲畜发生临时性饮水困难，14万眼机井抽水不足或无水可抽。

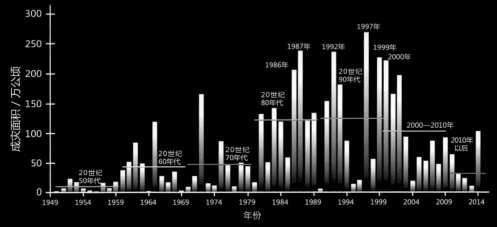

1949—2014年河北省干旱成灾面积图

河北省气象干旱的时空分布

· 干旱日数的时间分布特征

1961—2013年,河北省4—6月干旱日数最多,月平均干旱日数超过15天,为全年气象干旱最重时段;8月最少,不足11天。

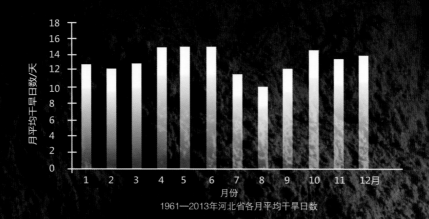

1961—2013年河北省各月平均干旱日数

· 干旱日数的空间分布特征

1961—2012年,河北省多年平均干旱日数的空间分布为南部多、北部少。张家口的崇礼干旱日数最少(99天),保定的定州最多(190天),相差91天。太行山山前平原区年平均干旱日数最多(178.5天),其次为太行山区(172.9天);坝上高原区域干旱日数最少(134.8天),其次为燕山丘陵区(154.0天)。

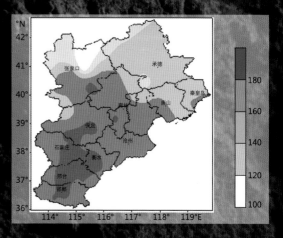

河北省年均干旱日数空间分布

· 河北省农业干旱的脆弱度空间分布

农业旱灾脆弱度：是指农业易于遭受干旱威胁和损失的程度。脆弱性的影响因素众多，包括社会、经济和环境等各个方面，对其定量评估通常选取一些社会、经济和环境脆弱性因子来进行。

Ⅰ 坝上高原地区

为全省农业旱灾脆弱度最高、农业最易于遭受干旱威胁的区域。主要原因是该区域气候干旱、多风、土地质量差，而人为因素则在于大面积垦殖草场，粗放经营导致的风蚀沙化加剧。

Ⅱ 冀西北山间盆地区

该区农业干旱脆弱度不仅偏高，而且该区旱灾受自然影响显著。该区降水少，水土流失严重，年人均粮食生产量为全省最少。

Ⅳ 太行山山地区

该区农业干旱脆弱度居于全省中等水平，该区山地生态环境较差，人均耕地少。

Ⅲ 冀北山地区

该区农业干旱脆弱度处于中等，山高坡陡，水土流失，人均耕地资源少，都是脆弱性偏高的动态压力。

Ⅵ 冀东丘陵平原地带

在1980年以前该区农业干旱脆弱度维持在较高水平，1980年后随着潘家口和大黑汀水库的建成运营，灌溉指数增加，脆弱度迅速下降，成为全省次低区。但随着境外引水的增加和地下水位的持续下降，此区也出现了干旱日益严重的局面。

Ⅴ 低平原和滨海平原地区

脆弱度高低呈插花状分布，程度不一。随着20世纪70年代大规模深层地下水开采，脆弱度大幅度下降。而且，不断增加的灌溉机械动力加剧了深层地下水资源的持续超采，加速了地下水漏斗群和地面沉降区的形成与扩展。

Ⅶ 太行山山麓平原地带

光热资源充足、土地平坦肥沃，地下水水质好易开采，水库地表水灌溉便利，有精耕细作的传统，是河北省农业高产稳产地带，农业干旱脆弱度始终为全省最低。

干旱的威胁有哪些

· 对农业的影响

影响作物产量,降低土地生产潜力,病虫害蔓延,延迟作物播种。

· 对林业的影响

影响木材生产和产量,使得森林火灾发生几率加大,病虫害蔓延,降低森林土地生产力。

· 对牧业、渔业和水产养殖业的影响

牧草生长差、饲料减少、影响放牧、饮用水减少、产奶量和肉量减少;改变鱼类生态环境,河流干涸,导致鱼类死亡。

· 对水资源的影响

① 地表水:严重干旱时河川断流,湖泊和水库供水量大减,乃至干涸。

赵州桥当初在设计时在大拱两肩砌了四个并列小孔,是为了在减轻桥身重量的同时增大流水通道,有力地保证了赵州桥在1400年的历史中,经受住了多次洪水冲击,而如今桥下的河水竟少的可怜。

"华北明珠"白洋淀由于水源不足,自1992年以来,已经12次从水库调水。这是白洋淀淀区一角,昔日渔民现在以牧羊为生。

位于张北的华北第一大高原内陆湖泊安固里淖在辽代被称为"鸳鸯泊",当时鸳鸯泊畔草滩宽广,淖水深广,栖有成群的鹿獐狍兔,生息着无数飞禽。2004年,安固里淖彻底干涸。

② 地下水:地下水位下降造成严重的后果,有的地方地下水打得很深,用的是深层地下水,很难被补给上,地下水超采导致地面下沉,沿海地区地下水资源被过量开采还会导致海水入侵。

抗旱措施有哪些

· 农业抗旱措施

① 建立完善的灌溉设施,在干旱出现时,可及时灌溉。

② 农业种植要考虑抗旱作物与普通作物同时种植,避免旱涝不均的问题。

③ 秋天收获庄稼后,翻耕土地,可以使冬天的雪水更多的留入田地。

④ 对农田采用薄膜覆盖技术,减少农田土壤的水分蒸发。

⑤ 推广水稻旱作技术。该技术可使整个水稻生育期需水量仅为水种条件下的四分之一,对水源不足的高地易旱地区发展水稻生产具有重要意义。

· 社会抗旱措施

① 爱护环境,保护河水、湖水、江水不被污染,使其充分发挥作用。

② 充分利用水资源,提倡城市清洁及绿化使用中水。

③ 改革工业用水技术,减少工业用水量。

④ 生活上节约用水,减少浪费。

人工增雨

　　河北省最早于1958年即开始实施飞机人工增雨作业和试验,是国内最早开展人工影响天气活动的省(区、市)之一,主要开展飞机人工增雨作业,火箭高炮增雨、防雹作业。目前,河北省已建设了国家级、省级飞机人工增雨保障基地和冀东、冀西北飞机人工增雨保障基地,拥有标准化作业站点236个,年均增加降水约25亿吨,为河北省抗旱减灾、缓解水资源短缺、改善生态环境、降低森林火险等级和促进农业发展做出了重要贡献。

拥有高炮194门

拥有人工增雨作业飞机3架

播撒碘化银

冰核大量增加

凝结成雨滴

TSP

PM10

水蒸气

小常识

　　人工增雨就是用人为的方法(向云中播撒适当的催化剂)对一个地区上空可能下雨或者正在下雨的云层施加影响,开发云中潜在的降水资源,使降水量增加。常用的方法为:(1)飞机直接在云中播撒催化剂;(2)用火箭或者高炮将装有碘化银的弹头发射到云中;(3)在迎风坡地面燃烧碘化银,随上升气流进入云中。

暴雨

Torrential Rain

　　河北省暴雨主要发生在夏季，主要出现在燕山山区、太行山东麓和东部沿海地区。暴雨可以引发洪水、山体滑坡、泥石流、崩塌等次生灾害。每年由暴雨引发的洪涝灾害都不同程度地给河北省国民经济和人民生命财产带来较为严重的损失，约占整个气象灾害造成经济损失的45%左右，因此暴雨洪涝灾害是河北省发生的最主要的气象灾害之一。

什么是暴雨

暴雨:连续12小时降雨量达30毫米以上、24小时降雨量为50毫米或以上的降雨称为暴雨。

降水强度简称雨强,指单位时间内的降水量,以毫米/分或毫米/时计。

· 降雨量级标准

24小时降雨量,单位:毫米

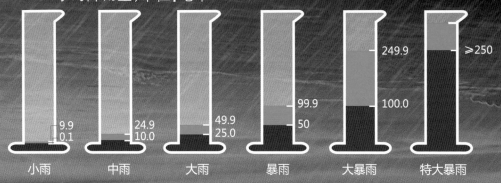

| 小雨 | 中雨 | 大雨 | 暴雨 | 大暴雨 | 特大暴雨 |

9.9
0.1
24.9
10.0
49.9
25.0
99.9
50
249.9
100.0
≥250

小常识

究竟降水量1毫米是多少?降水量是1毫米,其实对应就是1升水(1毫米×1平方米=0.001立方米)。如果用500毫升的饮料瓶装起来,能装2瓶。所以,1毫米就是每平方米接收到了1升水。

500ml 500ml

1平方米

· 暴雨形成的必要条件

① 充分的水汽供应:为了使暴雨得以发生、发展和维持,必须有外界水汽源源不断地向暴雨区集中。

② 强烈的上升运动:降水发生在空气的上升运动区,水汽通过抬升产生凝结,降落下来成为降雨。

③ 较长的持续时间:降雨持续时间的长短,影响着降雨量的大小,是形成暴雨的重要条件。

· 强降雨天气过程

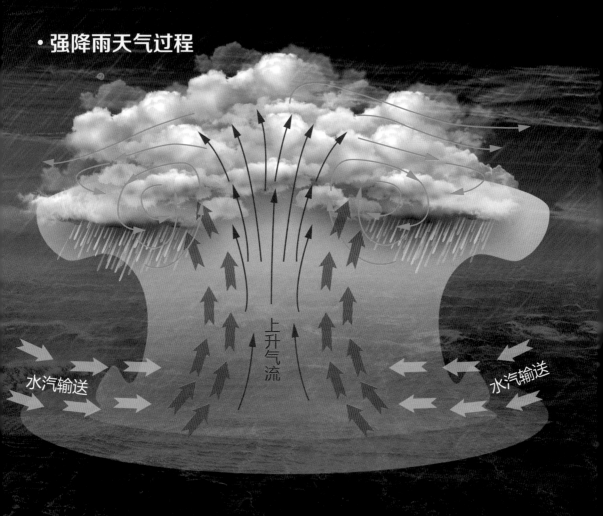

上升气流

水汽输送

水汽输送

河北省暴雨何时多发

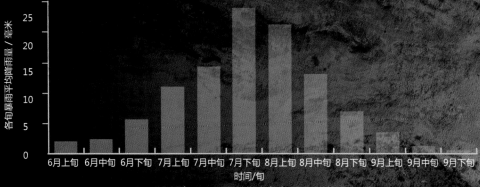

1961—2013年6—9月河北省各旬暴雨平均降雨量

河北省暴雨日数高度集中于7月和8月。对于河北省来说，一般6月下旬进入"汛期"，8月末"汛期"结束，7月中旬到8月中旬为"汛期"的重要阶段，"七下八上"尤为重要。这和夏季风的影响及其影响程度密切相关。

河北暴雨集中于夏季 北部比南部更典型

站名	春季（3—5月）		夏季（6—8月）		秋季（9—11月）		7—8月	
	暴雨日数/天	暴雨日数占全年暴雨日数百分比/%	暴雨日数/天	暴雨日数占全年暴雨日数百分比/%	暴雨日数/天	暴雨日数占全年暴雨日数百分比/%	暴雨日数/天	暴雨日数占全年暴雨日数百分比/%
张家口	0	0	0.3	100	0	0	0.3	100
承德	0	0	0.8	100	0	0	0.7	88
唐山	0	0	2.3	96	0.1	4	2.1	88
秦皇岛	0	0	2.2	96	0.1	4	1.9	83
廊坊	0	0	1.9	95	0.1	5	1.8	90
保定	0.1	6	1.5	88	0.1	6	1.4	92
沧州	0	0	2.0	100	0.0	0	1.8	90
衡水	0.1	6	1.5	88	0.1	6	1.2	71
石家庄	0	0	1.2	100	0	0	1.1	92
邢台	0	0	1.4	88	0.2	12	1.2	75
邯郸	0	0	1.5	94	0.1	6	1.4	88

小常识

河北省汛期为每年6月1日—9月30日，其中7月下旬—8月上旬是主汛期。河北省历史上著名的"63·8"和"96·8"暴雨均发生在主汛期。

副热带高压：是位于副热带地区的暖性高压系统。副热带高压的东部是强烈的下沉运动区，下沉气流因绝热压缩而变暖，所控制地区会出现持续性的晴热天气；而副热带高压的西部是低层暖湿空气辐合上升运动区，容易出现雷阵雨天气。随着季节的更迭，副热带高压带的强度、位置也会发生明显的季节变化。

初夏，西太平洋副热带高压脊第一次北跳，夏季风开始影响河北省，6月下旬，河北省暴雨明显增多，大暴雨更为明显；盛夏，西太平洋副热带高压脊第二次北跳，夏季风在河北省盛行，7月下旬河北省暴雨又一次大幅度增加，到达一年中最高峰。

华北、东北雨季

**7月中旬—8月上旬
副热带高压位置**

长江梅雨

**6月中旬—7月上旬
副热带高压位置**

华南前汛期

**5月中旬—6月上旬
副热带高压位置**

副热带高压脊线

河北省暴雨青睐何地

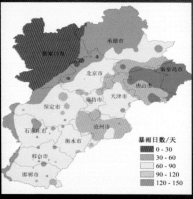

1975—2008年
河北省暴雨总日数分布图

河北省暴雨出现最多的地区是燕山地区、唐山东部及其沿海、保定北部和沧州沿海；张家口、承德北部暴雨日数显著减少，而且太行山及其西侧，也是一个相对少暴雨地区。

1975—2008年
河北省大暴雨总日数分布图

大暴雨主要出现在燕山地区和太行山东部，在邢台、邯郸两个地区的东部有一个次多区；张家口和承德中北部地区基本上不出现大于100毫米的大暴雨天气；保定东部到邢台东北部地区则是出现大暴雨相对较少区。

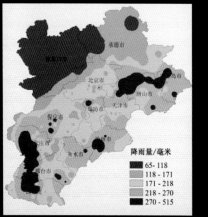

河北省一日最大降雨量，大于200毫米的地区，主要是在燕山地区，京广线附近及以西的太行山东部丘陵山区，唐山和沧州的沿海地区。一日最大降雨量的极值出现在太行山东部。

河北省暴雨从何而来

地形因素:地形对降水的增幅作用不可忽视。所谓地形对降水的增幅作用,即一个降水系统中,使雨量分布变得不均匀,在山区的某些地区天气系统中降水量加大,降水的时间也会变得持久。河北境内有东西向的燕山山脉,南北向的太行山山脉,受地形的影响,夏季暴雨出现次数最多的是在太行山东部和燕山南部,这里是低层偏南风或偏东风的迎风面,对气流有明显的抬升作用。

燕山、太行山区的迎风坡导致的暴雨

　　太行山区的典型大暴雨——"56·8""63·8""96·8""7·21";
　　燕山区的典型大暴雨——"94·7";
　　对河北190个大暴雨(≥100毫米)中心统计,山脉迎风坡占全省大暴雨中心的60.4%,平原地区占全省大暴雨中心的34.2%。

河北省暴雨如何致灾

　　某一地区连续出现暴雨、大暴雨或特大暴雨，常导致山洪爆发，水库垮坝，江河横溢，房屋被冲塌，农田被淹没，交通和电讯中断，会给国民经济和人民的生命财产安全带来严重危害。

　　由于河北省地形复杂，不同地区的下垫面条件、地质结构等存在较大差异，使得河北省暴雨的致灾形式较为多样。

• 流域洪涝

　　河北省地形特点是西北高东南低，地面坡度大，部分地区植被条件差，造成汇流快，洪水量级大。全省几条主要河流面积较大，当遭遇流域大范围暴雨时，易导致干支流洪水发生，洪峰叠加，形成峰高量大的暴雨洪水。

• 山区洪水

　　指山区溪沟中发生的暴涨洪水，具有突发性，水量集中流速大、冲刷破坏力强等特点，常造成局部性洪灾。

• 城市内涝

　　当短时间内的降水量超过城市排水能力就易导致城市内涝。城市内涝是城市进程面临的巨大挑战，也是在城市规划、政府管理和应急服务等工作中急需解决的问题。

• 农田渍涝

　　由于暴雨急且大，土壤孔隙被水充满，造成陆生植物根系缺氧，根系生理活动受到抑制，使作物受害而减产或绝收。

• 次生地质灾害

　　暴雨在山区发生时，易导致泥石流、山体滑坡等次生地质灾害的发生，给人民生命财产造成极大损失。

暴雨洪涝如何防御

- **暴雨来临前**

  ① 减少外出防意外。

  ② 切断低洼地带有隐患的室外电源。

  ③ 清理杂物、通下水,预防积水;河道等重要排水道,切勿倾倒废弃物。

- **暴雨洪涝到来时**

  ① 积水过深需绕行,以防跌入窨井坑。

  ② 按照预案迅速撤离,山坡高地寻暂避。

  ③ 积水淹没汽车应及时弃车逃离。

  ④ 如果在山区,一旦听到上游传来异常声响,应迅速向两岸上坡方向逃离。

  ⑤ 落入洪水中,应借助漂浮物逃离。

  ⑥ 交通管理部门应当根据路况在发生强降雨的路段采取交通管制措施,在积水路段实行交通引导措施。

暴雨一定致灾吗

·河北缺水之痛

河北省人均水资源占有量为307立方米(截至2013年),在全国排名倒数第四位,是全国人均值的七分之一,不及国际上公认的缺水标准(低于人均1000立方米)的三分之一,甚至比不上以干旱缺水著称的中东和北非地区;每公顷土壤含水量仅为全国平均值的九分之一,比宁夏和天津略多,是缺水最严重的省(区、市)之一。

河北省人均水资源占有量为307立方米,是全国人均值的七分之一。

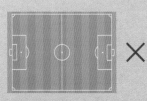

河北省地下水严重超采,其中最大的地下水漏斗区在衡水市,漏斗区面积约4.4万平方千米。

4万平方千米有多大?
相当于600个标准足球场
(每个约7140平方米)

·降雨之喜

蓄水抗旱

降雨是补充地表水和地下水的最有效途径，特别是对常年缺水的地区来说是一种战略资源。

净化空气

降雨可使空气中的粉尘等大颗粒物质沉降，同时增加负氧离子，使空气清新，调节空气湿度。

改善土壤墒情

农作物的生长都离不开水，降水有利于丰产丰收。

调节温差

降雨是水循环的过程，水的比热比较大，水循环过程中有利于调节环境温度。

利于人体健康

降雨净化空气，增加空气湿度，调节温差，增加人体舒适感。

河北省历史上的暴雨事件

暴雨致水库水量增长

2011年7月29日13时—31日08时，唐山市普降大到暴雨，全市平均降水量为89.1毫米，其中唐山市区、开平、丰南、滦南、唐海、滦县、乐亭和丰润局部，降水量超过100毫米，最大降水量为丰南城区的148.8毫米。

至7月31日08时，暴雨致使唐山市境内大中型水库共蓄水19.07亿立方米，与汛初6月1日相比增加2.91亿立方米，增量约相当于6个陡河水库的蓄水量。

雷电

Thunder and Lightning

　　雷电是大气中发生的剧烈放电现象。雷电作为河北夏季常见的灾害性天气之一，给工业、林业、电力、电子信息业等造成危害。同时，河北省复杂的地形地貌及多样性的下垫面也决定了雷电灾害分布的不均匀性。

什么是雷电

　　雷电：指积雨云内、云际或云地之间产生的剧烈放电现象。放电时会产生强烈的火花和巨大的响声，火花被称为闪电，响声被称为雷声。

·闪电的分类

按照闪电的形状分为

线状闪电
线状闪电不易致灾。

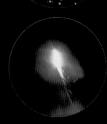

球状闪电
球状闪电能量较高，能在地上滚动，甚至穿墙入室，温度极高，易致灾。

按照闪电发生的空间位置分为

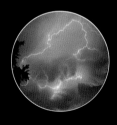

云内闪电
云内闪电是指在云内部发生的放电现象。

云际闪电
云际闪电是指在云之间发生的放电现象。

云地闪电
云地闪电是指在云与地之间发生的放电现象，简称地闪。

雷电是怎样形成的

雷电发生的根本条件是积雨云的存在,积雨云形成的必要条件是当地面温度高、湿度大并有强烈的蒸发时,暖湿的空气就会形成上升气流升到空中,遇冷凝结形成积雨云。

· 雷电形成过程示意图

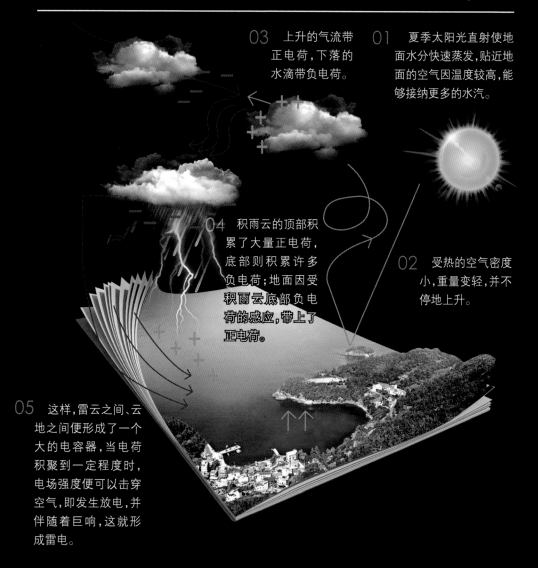

03 上升的气流带正电荷,下落的水滴带负电荷。

01 夏季太阳光直射使地面水分快速蒸发,贴近地面的空气因温度较高,能够接纳更多的水汽。

04 积雨云的顶部积累了大量正电荷,底部则积累许多负电荷;地面因受积雨云底部负电荷的感应,带上了正电荷。

02 受热的空气密度小,重量变轻,并不停地上升。

05 这样,雷云之间、云地之间便形成了一个大的电容器,当电荷积聚到一定程度时,电场强度便可以击穿空气,即发生放电,并伴随着巨响,这就形成雷电。

河北省雷电时间分布

· 河北省雷电季节变化特点——主要集中在夏季,冬季几乎不出现

夏季(6—8月),气温最高、湿度最大,是雷电发生的主要季节,占全年的73%;春季(3—5月)暖空气逐渐活跃,冷、暖空气频繁交绥,造成雷电天气增多;秋季(9—11月),冷空气势力开始加强,气温下降,空气也变得较干燥,使得雷电明显减少;冬季(12月—次年2月),河北干而冷,气层稳定,对流天气不易发生,所以雷电极少出现。雷电灾害主要是由地闪造成的,河北省地闪的季节变化与雷电的季节变化及其原因基本相同。

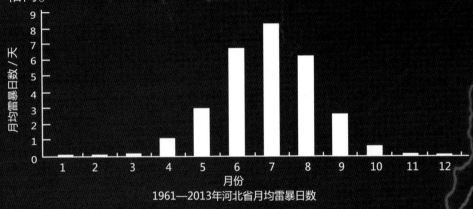

1961—2013年河北省月均雷暴日数

· 地闪日变化特征——高峰期为午后到傍晚发生

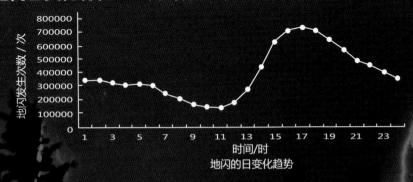

地闪的日变化趋势

另外,地闪的日变化与一天中的气温和大气不稳定状态的强弱有关。一般来说,上午7—13时,地闪处于一天当中发生的低值区,10—11时达到谷值;14—21时处于一天当中发生的高峰期,15—17时达到顶峰;22时—次日06时基本处于地闪发生的日平均状态。

河北省雷电空间分布

·山区、高原多,平原沿海地区少

通过1961—2013年河北省年平均雷暴日数空间分布图,可以反映雷电的空间分布特征,即山区、高原多,平原、沿海地区少。河北省年平均雷暴日数的空间分布呈现由山区向平原递减的趋势。北部高原及山区年平均雷暴发生日数一般为40～45 天,平原及沿海地区均在35 天以下,其中衡水南部、邢台和邯郸东部最少,雷暴日数不足25 天。

1961—2013年河北省年平均雷暴日数空间分布(单位:天)

·雷电地理分布差异原因简述

一方面,山区、高原地区由于地形的辐合抬升作用,有利于雷暴云的形成;另一方面,与下垫面的水源有一定的对应关系,水源能够提供近距离的水汽,湿度条件较好,有利于水汽的补充。

河北省雷电灾害时空、行业分布特征

采用"2003—2009年河北省雷电资料汇编"中的雷灾资料,归类统计河北省雷电灾害发生的时间、空间和行业分布特征得知:

时间上,6、7、8月是河北省雷电灾害发生集中时段,其中,8月雷电灾害发生次数最多,7月的雷电灾害造成的经济损失最大,而6月人员伤亡最多。

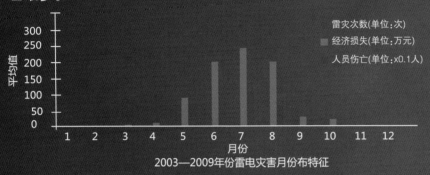

2003—2009年份雷电灾害月份分布特征

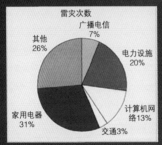

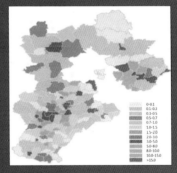

从行业分布上看,由通信系统、计算机网络系统和家用电器等构成的弱电系统遭受雷击的次数最多,占51%,电力设施只占了20%。但由于电力设施的特殊性,其遭受雷击后所造成的经济损失是各行业中最高的。

空间上,北部张家口、承德地区地广人稀,经济相对落后,单位面积雷电灾害发生频次相对较少;滨海平原区及中南部平原地区雷电灾害发生频次较高,西部山区雷电灾害发生偏少。各城市所在地雷电灾害频次均偏高,说明雷灾和经济因素相关性较大。

• 雷电灾害典型性特征

① 受地域经济代表性影响,雷电灾害呈现一定的地域代表性,城市的雷电灾害主要表现为雷击建筑物和损坏通信系统、计算机网络系统等,乡村和山区主要是危及人畜生命及财产安全。

② 同一次强雷暴天气过程在某地域,可能会引发多起类似的雷电灾害事故。

雷电灾害

河北省历史上的重大雷灾事件

2009年8月4日09:15左右,石家庄市长安区西兆通镇南石家庄村发生自建房屋坍塌事件,造成17人死亡、3人受伤。

事故原因调查发现,根据气象局观测记录,石家庄08:00—09:52出现雷暴天气,该市东北角在09:10—09:15有过3~4次闪电记录。倒塌房屋系在建建筑,还没有安装相应的防雷设施,房屋内比较潮湿,极易吸引雷电。由于第一现场被破坏,没有找到雷击点,但现场剩磁测试显示超标5.2倍。另外,有目击者描述当时突然听到一声雷响,一个直径1米多的耀眼火光击中房屋西北角,房屋随即自北向南倒塌。经调查组综合分析后认定 此次事故为雷电灾害。

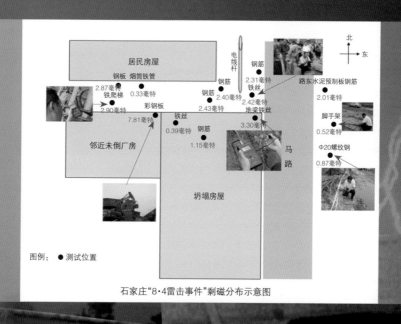

石家庄"8·4雷击事件"剩磁分布示意图

成功防御雷电灾害

雷电灾害频发且破坏力大，只有提高雷电防护意识，做到防患于未然，才能有效减少雷电灾害的发生。

保定市阜平县的一个奶牛场四年间遭受了八次雷击，先后有六头奶牛被击死，十几头奶牛受伤，然而近在身边的村民却安然无恙。雷电为何专劈奶牛呢？对此村民众说纷坛，有人认为是牛毛引起静电，从而把雷招来了；有人认为是养牛场的地理位置易遭雷电袭击；还有人认为是养牛场的铁栅栏引来雷电。

为了消除村庄对雷击的恐惧，气象防雷专家到现场详细调查后揭开了雷击奶牛之谜：感应雷和跨步电压共同谋杀了奶牛。

雷击奶牛之谜被揭开之后，防雷专家为该村安装了五个避雷塔，形成了一道雷电拦截坝，降低了村里的雷电密度。同时，重新设计养牛棚的铁栏杆接地，使感应雷能够迅速传入大地，有效避免了雷电灾害发生，保护奶牛不受伤害。

小常识

自然界存在着一个跨步电压，雷电击中地面物，电流泄入大地，地面上各点间便出现电位差。如果人畜在落雷点附近，两脚间的电位差就叫跨步电压。跨步越大，电压就越大。

跨步电压示意图

雷电灾害防御措施

雷雨天避免到高处、开旷田野、各种露天停车场、运动场和迎风坡等易遭受雷击的地方，以及楼顶、房顶、避雷针及其引下线附近、亭榭内、铁栅栏、架空线附近等区域。

避免躲在孤立的树下，并与树保持两倍树高的安全距离，身体呈下蹲向前弯曲姿势。

避免高举雨伞等带有金属的物体，避免高空作业。

避免使用太阳能热水器，避免接触煤气管道、金属自来水管等。

避免在水面、湿地或水陆交界处停留，避免游泳，城市道路、立交桥涵洞中有积水时，不要冒险涉水。

避免进行户外活动，不要在户外旷野中奔跑。

避免停留在阳台、窗户边；雷雨过程中，不要接触电源开关和用电设备，不要上网。

避免使用固定电话、手机及其他户外通信工具。

冰雹

Hail

　　冰雹，也称为雹。它是从对流云中降落的由透明和不透明冰粒相间组成的固态降水。河北省大部分地区处于冰雹发生较频繁的区域。冰雹一般出现的范围小、时间短，但来势猛、强度大，并常常伴随着狂风、暴雨等天气现象，会给农业、建筑、通信、电力、交通以及人民生命财产带来巨大损失。由于降雹范围小，所以民间有"雹打一条线"的说法。河北省降雹多发生在春、夏、秋三季。为了减少冰雹的危害，目前河北省开展人工防雹作业，尽可能地减少冰雹的发生及其影响。

什么是冰雹

·冰雹的定义

冰雹是指来自云中的一种固态降水物（冰块）。冰雹常呈圆球形或圆锥形，由透明和不透明的冰层相间组成。直径一般为0.5~5厘米，最大的直径可达10厘米以上。

·冰雹发生的特点

① 局地性强。每次冰雹的影响范围一般宽约几十米至数千米，长约数百米至十多千米。

② 历时短。一次狂风暴雨中降雹时间一般只有2~10分钟，少数在30分钟以上。

③ 受地形影响显著。地形越复杂，冰雹越易发生。

· 冰雹是如何形成的

冰雹在积雨云中形成的过程是,水汽随气流上升遇冷凝结成小水滴后继续上升,随着高度增加温度继续降低,达到0℃以下时,水滴就冻结成冰粒,在上升运动过程中,会吸附其周围小冰粒或水滴而增大,直到其重量无法被上升气流托住时往下掉,当降落至较高温度区时,其表面会融化成水,同时亦会吸附周围的小水滴,此时若又遇强大的上升气流再被抬升,其表面则又冻结成冰,如此反复,冰块体积越来越大,直到其重量无法被上升气流托住时就会降落到地面,若达地面时仍呈固态冰粒,则为冰雹。

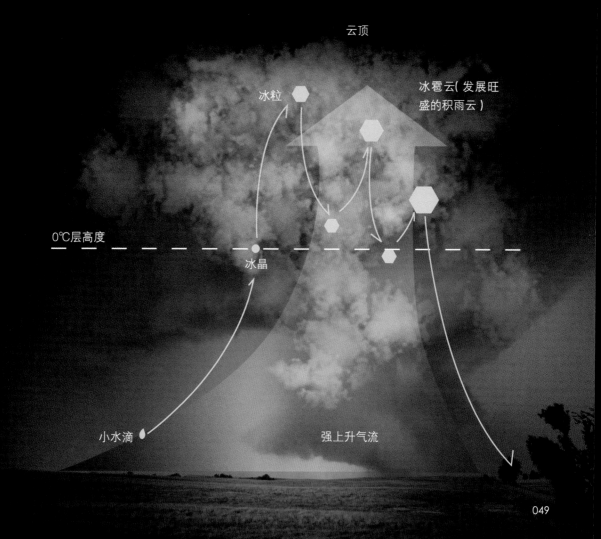

云顶

冰粒

冰雹云(发展旺盛的积雨云)

0℃层高度

冰晶

小水滴

强上升气流

河北省冰雹的地域分布特征

　　河北省冰雹的地理分布特征是山区多于平原。由下图可见,河北省张家口和承德中部以北地区多年冰雹日数在3天以上,局部超过4天;保定、唐山和廊坊南部及以南大部分地区,冰雹日数在1天以下;其他地区在1~3天之间。

　　山区多于平原是因为山区地形、地貌和地势(海拔高度)比平原复杂得多,气流遇山后受山脉阻挡,引起边界层风场的变化,有利于对流发展;另外,山区地表差异大,常造成地表受热不均,出现不均匀的上升气流,有利于局地对流的发生发展,因此山区容易出现冰雹。

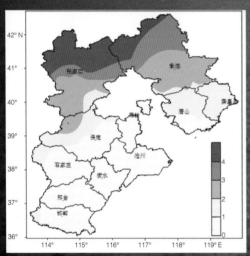

1961—2013年河北省年平均冰雹日数空间分布(单位:天)

小常识

　　雹打一条线:长期以来人们发现下雹的宽度不大,而长度却很长,这样下雹的地方就像带子一样,所以人们经常说雹打一条线。这是因为,冰雹只能生成于积雨云中上升气流最强的地方,而上升气流最强的地方在积雨云中不过有二三千米的宽度,这样造成下雹的地方也只能有二三千米宽度了,而积雨云移动的长度却可达几十千米以上,这样冰雹就下在二三千米宽、几十千米长的一个狭长地带内。

河北省冰雹的时间分布特征

① 出现初终日期

河北省冰雹天气最早出现在3月中旬(1982年3月14日,青龙县),最晚出现在11月下旬(1990年11月30日,武邑县)。

② 月际分布特征

河北省冰雹发生在每年2—11月,其中5—9月最集中,占总日数的91%。从下图可以看出,6月冰雹日数最多,其次是7月。

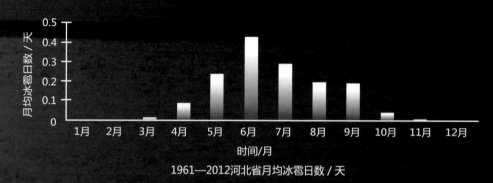

1961—2012河北省月均冰雹日数 / 天

③ 日分布特征

一日内冰雹主要出现在午后至傍晚的13—19时,占全天的72%,24—次日07时,很少出现。这是因为13—19时是一日中气温较高的时段,易于发展对流云团。

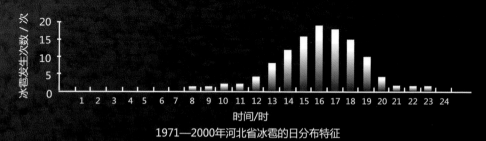

1971—2000年河北省冰雹的日分布特征

④ 持续时间

纵观河北省冰雹数据,降雹持续时间多在1~5分钟,约占全部事件的90%以上;时间达30分钟以上的占2%左右;最短持续时间不足1分钟;最长为120分钟,出现在尚义县。

冰雹对河北省的影响

河北省冰雹的路径主要由西北向东南方向移动,平均每年雹灾面积达134万亩*。2014年6月20—22日,受强对流天气影响,河北省大部地区出现降雨天气,据河北省民政厅统计,截至23日08时,河北省有100个县(市)出现雷暴,部分县(市)出现短时大风和冰雹,致使石家庄、保定、邢台、衡水、张家口、承德和沧州七个设区市遭受洪涝灾害。截至23日11时,7个设区市的21县(市、区)受灾,受灾人口7.83万人,其中因灾死亡3人。农作物受灾面积9900公顷,绝收面积1120公顷,倒塌房屋2间,因灾造成直接经济损失约5545万元。

6月21日下午,张家口万全县遭遇严重冰雹灾害袭击。全县7个乡镇、47个行政村、16644户、47833人受灾,农作物受灾面积5291公顷。

6月22日,石家庄新乐、平山、藁城等地降雹。新乐市4个乡镇、1个办事处、58个村受灾,初步预计此次灾害造成直接损失800多万元。

6月22日下午,狂风暴雨突袭沧州肃宁县,部分乡镇还出现了历时几分钟不等的冰雹,最大冰雹直径为10毫米。据当地民政部门负责人介绍,因小麦已入仓、玉米植株尚未长大,本次降雨及降雹过程并未给当地农业造成太大灾情。

---

* 1亩≈0.067公顷。

如何防御冰雹

人工防雹就是采用人为的办法对一个地区上空可能产生冰雹的云层施加影响，使云中的冰雹胚胎不能发展成冰雹，或者使小冰粒在变成大冰雹之前就降落到地面。

人工防雹的原理，就是设法减少或切断小冰胚的水分供应。所采用的方法与人工增雨的方法类似，只是要达到防御冰雹的效果，一般需要向云中播撒足够量的催化剂，以产生大量冰晶，迅速形成更多的水滴或冰粒，造成同雹胚竞争水分的优势，从而抑制雹块的增长。通常，人工防雹利用高炮或火箭将装有碘化银的弹头发射到冰雹云的适当部位，以喷焰或爆炸的方式播撒碘化银，或用飞机在云层下部播撒碘化银焰剂。

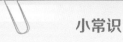

小常识

防雹网覆盖栽培是一项增产实用的环保型农业新技术，通过覆盖在棚架上构建人工隔离屏障，将冰雹拒之网外。防雹网主要应用于果园、蔬菜种植区等地，保证了果品蔬菜的产量和质量，保护了果农的利益。

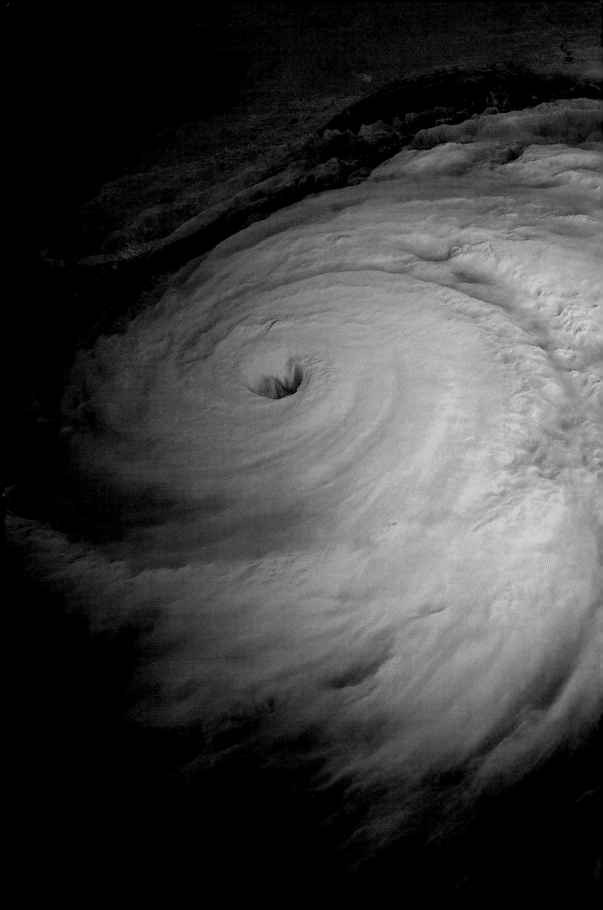

台风

Typhoon

　　每年的夏、秋季节，我国毗邻的西北太平洋上会生成不少名为台风的猛烈风暴，有的消散于海上，有的则登上陆地，给所经之地带来狂风暴雨，是气象灾害的一种。台风具有突发性强、破坏力大的特点，台风来袭时，往往伴有狂风、暴雨、巨浪和风暴潮。历史上，河北省沿海地区曾经数次遭受台风的侵袭，造成严重生命财产损失。

什么是台风

台风是指生成于热带或副热带洋面上、具有天气尺度（水平直径1000~3000千米）的猛烈的涡旋。台风（包括热带风暴）在我国主要发生在夏、秋季节，最早发生在4月，最迟发生在12月。

· 台风级别有几种

台风属于热带气旋。根据《热带气旋等级》（GB/T 19201—2006），热带气旋按中心附近地面最大风速划分为六个等级：

热带气旋等级	底层中心附近最大平均风速	底层中心附近最大风力
热带低压	10.8~17.1 米/秒	6~7 级
热带风暴	17.2~24.4 米/秒	8~9 级
强热带风暴	24.5~32.6 米/秒	10~11 级
台风	32.7~41.4 米/秒	12~13 级
强台风	41.5~50.9 米/秒	14~15 级
超强台风	≥51.0 米/秒	16级或以上

· 追溯台风的"前生今世"

02 大气发生扰动

大量空气开始往上升 03

01 海面温度超过26或27℃以上。

上升海域的外围空气源源不断地流入上升区，又因地球自转的关系，使流入的空气像车轮那样旋转起来。

04

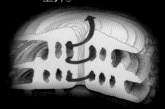

05 当上升空气膨胀变冷，冷凝成水滴放出热量。

06 助长了底层空气不断上升。

07 地面气压下降得更低，空气旋转得更加猛烈，台风就"炼"成了。

· 洞悉台风的"五脏六腑"

　　一个发展成熟的台风,在水平上,从里向外大约可分为台风眼区,近中心附近的漩涡风雨区,外围的大风区。

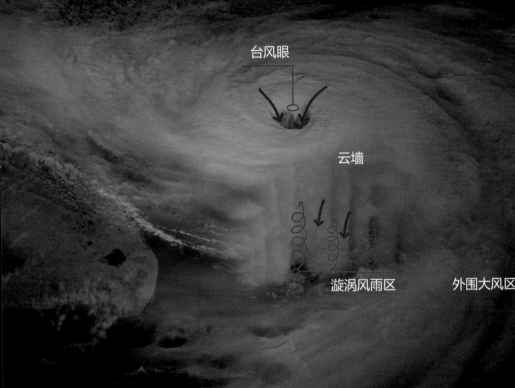

台风眼

云墙

漩涡风雨区

外围大风区

小常识

　　台风和飓风是热带气旋中强度最强的一级,仅因所在海域不同而名称各异,发生在印度洋和大西洋上的称为飓风,发生在西北太平洋上的叫台风。

影响河北省台风的路径

台风如何千里奔波袭燕赵

台风能否到达河北省,主要取决于副热带高压(以下简称副高)的形状和位置。

① 副高的西边界在125°E附近较有利于台风北上到达河北省。副高既不能深入大陆,也不能远离大陆,否则台风会西行或提前向北转向。

② 副高的形状是块状(非东西向狭长)较有利,这样台风才会在副高西侧的引导气流下不断向北移动到达河北省。

③ 除环流形势有利外,台风还应具备一定的强度,这样才能保证其在向偏北方向运动过程中不会减弱消散或减弱为温带气旋。

④ 副高足够偏北(其西部脊线约在40°N附近)也能将台风引导至河北省。

台风是如何被命名的

对发生在西太平洋和南海地区的强度达到热带风暴或以上级别的热带气旋采用一套统一的命名表。命名表共有140 个名字,分别由世界气象组织所属的亚太地区的柬埔寨、中国、朝鲜、中国香港、日本、老挝、中国澳门、马来西亚、密克罗尼西亚、菲律宾、韩国、泰国、美国以及越南14 个成员国和地区提供。每个国家或地区各贡献10 个名字。台风按命名表顺序命名,循环使用。对造成特别严重灾害的热带气旋,台风委员会成员可以申请将该热带气旋使用的名字从命名列表中删去(此名字成为某个造成灾害特别严重的热带气旋的专有命名)。每年台风委员会审议台风命名表,用新的命名代替已删去的命名。

台风如何影响河北省

· 直接影响

台风直接影响河北省的情况极少，而一旦到达河北省（登陆或在其沿海附近）将造成巨大损失。如，1972年第9号（中央气象台编号7203）台风登陆天津塘沽。受其影响，京津冀、山东和辽东半岛普降大到暴雨，渤海出现9～12级的大风和强烈风暴潮，其中秦皇岛出现2.48米的历史最高潮位。2012年"达维"台风重创秦皇岛市，青龙、卢龙、昌黎县及抚宁区过程雨量分别为89.6毫米、132.9毫米、256.7毫米和208.1毫米。秦皇岛市受灾人口达1748774人，转移安置196323人，农作物受灾面积为17.1万公顷，直接经济损失约194.1亿元，其中农业经济损失73.1亿元。

· 间接影响

台风的影响是主要造成暴雨，影响区域一般为河北省中南部地区。如，1996年第8号台风在北上过程中逐步减弱为低气压并到达河北南部附近，该低压北部的偏东暖湿急流与冷空气配合，形成了一次范围广、强度大的特大暴雨过程（简称"96·8"暴雨）。9714号台风使河北省22个县（市）出现大风灾情，盐山风速达24米/秒，出现新中国成立以来最强的一次风暴潮，海水越过防堤2千米，36个村庄被淹，冲毁部分铁路、公路和桥梁、农田、果园、虾池等，造成严重损失。此次过程较强降雨主要分布在沧州东部、唐山、秦皇岛等地，50毫米以上降雨分布在唐山东部、秦皇岛东部和南部等地，乐亭县最大过程累积降雨为89.2毫米。

细数台风的"功过是非"

·台风灾害链

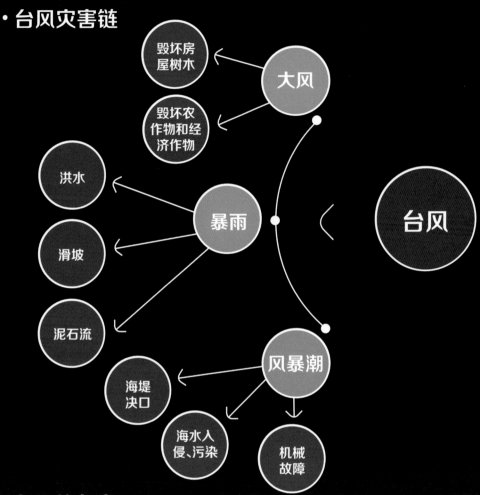

·台风的危害

① 大风危害:热带气旋达台风级别的中心附近最大风力为12级及以上。

② 暴雨危害:台风是带来暴雨的天气系统之一,在台风经过的地区,可能产生150~300毫米的降雨,少数台风能直接或间接产生1000毫米以上的特大暴雨。

③ 风暴潮危害:一般台风能使沿岸海水水位大幅升高,在向岸大风的作用下,若赶上海岸大潮期则极易产生风暴潮。

• 台风的益处

　　① 台风给沿海地区带来大量的雨水,对改善这些地区淡水供应和生态环境都有十分重要的意义。

　　② 热带、亚热带地区日照时间长,夏季常干热难耐,台风能驱散热量,防治地表沙荒。

　　③ 台风所携带的巨大能量可以使地球维持热平衡。

　　④ 台风吹袭时将江海底部的营养物质卷上来,使海水表面鱼饵增多,鱼群聚集,提高捕鱼产量。

弊　　利

暴雨

台风暴雨造成的洪涝灾害,来势汹汹,破坏性极大,是颇具危险性的气象灾害。

降水

丰沛的淡水

陆地有限的淡水资源分布不均,台风带来丰沛的淡水资源,改善这些地区的淡水供应和生态环境。

强风

台风是一个巨大的能量库,强大的风力足以损坏甚至摧毁陆地上的建筑、桥梁和车辆等。特别是在建筑物没有被加固的地区,造成破坏更大。

能量

能量流动和"慢地震"

台风超强风力能驱动靠近赤道热带、亚热带地区的热量向温带、寒带地区移动。台风带来的巨大能量流动使地球保持着热平衡。台风的气压会引发"慢地震",使地层的能量慢释放,避免产生大型的地震。

风暴潮

台风引发的风暴潮可能会使潮水暴涨,海堤溃决。风暴潮还会造成海岸侵蚀,海水倒灌造成土地盐渍化等灾害。

海洋

提高捕鱼产量

台风吹袭"翻江倒海",将江海底部的营养物质翻卷上来,使鱼饵增多,吸引鱼群聚集,可提高捕鱼量。

心肺功能

台风是巨大的低压系统,心脑血管病人或心肺功能不佳的人会产生如呼吸急促、心率加快等明显不适。

健康

缓解高温

台风造成的风雨影响能够暂时缓解局部地区高温天气,使身体感觉更舒爽。

台风来临如何防御

① 做好滩涂、船舶、水库下游、易遭受洪涝影响地区等高危地方人员的撤离工作。

② 加强电力设施设备的安全检查,确保用电安全。

③ 做好渔业设施设备的准备工作,保证机械设备的正常运转。

④ 做好养殖产品的防逃工作,加强河蟹、甲鱼等养殖防逃设施的检查、整固工作。

⑤ 做好水产养殖品种浮头及台风过后疾病暴发的应急准备工作。

⑥ 如果在室外,千万不要在临时建筑物、广告牌、铁塔和大树等附近避风避雨。

⑦ 如果在水面上(如游泳),则应立即上岸避风避雨。

⑧ 做好因暴雨袭击造成堤坝、塘坝塌方的应急准备工作。

高温

High Temperature

气象上一般以气温达到或超过35℃作为高温的标准。河北省的高温天气主要出现在5—8月，并以太行山山前平原地区出现次数最多，其原因除了地理位置偏南，海拔低之外，还有"焚风效应"的影响。高温也是一种较常见的气象灾害，会直接影响人们的生产、生活和社会活动，例如，持续的高温天气会使人体感到不适，引发中暑，增加肠道疾病和心脑血管等病症病人的发病几率，城乡用电量和用水量等会明显增加，部分地区的旱情持续蔓延，引发森林火灾等。

什么是高温

· 高温的定义

高温:气温达到或超过35℃时为高温。

高温热浪:连续3天及以上的高温天气过程称之为高温热浪。

≥ 35℃

· 高温是怎样"炼"成的

夏季出现下面3个条件时,易出现高温天气:

① 连续数日无冷空气活动;

② 低空(高度1500米左右)有暖舌或暖脊(温度相对较高的区域);

③ 天气较晴朗,阳光充足。

夏季,太阳直射点从南向北移

北半球日照时间变长,接受太阳热能量增多,气温随之升高

暖高压

小常识

暖高压,也称暖性反气旋,是指水平温、压场上中心温度高于四周气温的高压系统,系统深厚,垂直伸展范围很大,有时可达到平流层底部。

某地区高空受暖高压控制

若长时间受暖高压控制,近地面强烈升温,则形成持续高温天气

天气晴朗,天空无云或少云,阳光照射地面,太阳辐射增强

• 专家释疑"被降温"：预报温度并非体感温度

在高温天气下，一些市民总感觉温度比气象部门观测的要高，不少市民甚至怀疑气象部门观测的气温"缩水"了。其实并非如此，因为气温并不等于大家的感知温度。

首先，大气温度≠地表温度。气象台每天所测的气温是高于地面1.5米以上通风百叶箱内的大气温度，由于百叶箱使温度计免受太阳直接辐射，因此测得的温度自然比太阳暴晒下的地表温度低，导致人们有"被降温"的感受。

其次，体感温度≠实际气温，人们的体感温度是由气温、太阳辐射、湿度和风速等多方面因素共同影响决定的，这也是人们觉得预报温度与体感温度有较大差异的原因。

• 高温的两种模式："烧烤天"和"桑拿天"

空气湿度小的高温天气，被称为干热型高温，又被形象地称为"烧烤天"。河北省5—6月出现的高温一般为干热型高温，此型高温天气易出现极高气温（如接近或超过40℃）。

空气湿度大的高温天气，被称之为闷热型高温。此型高温由于湿度大，人们感觉闷热，就像在蒸笼中，又被形象地称为"桑拿天"。河北省7和8月多为闷热型高温。

• 城市热岛效应

城市热岛效应是指城市中的气温明显高于外围郊区的现象。在近地面温度图上，郊区气温变化很小，而城区则是一个高温区，就像突出海面的岛屿，由于这种岛屿代表高温的城市区域，所以就被形象地称为城市热岛。城市热岛效应使城市年平均气温比郊区高出1℃，甚至更多。夏季，城市局部地区的气温有时甚至比郊区高出6℃以上。此外，城市密集高大的建筑物阻碍气流通行，使城市风速减小。由于城市热岛效应，城市与郊区形成了一个昼夜相同的热力环流。

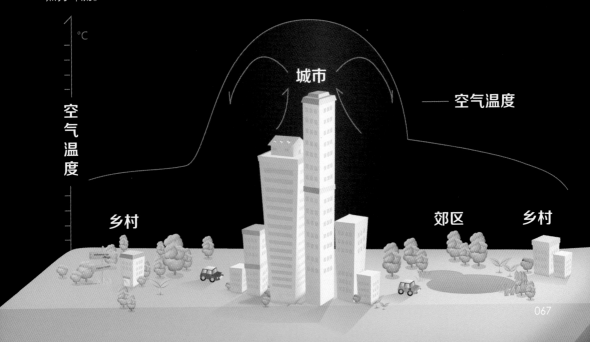

高温的时空分布

从 1961—2014 年河北省四个主要城市(张家口、唐山、邯郸、石家庄)5—8月的月平均高温日数分布图可以看出,河北省高温天气主要出现在6—7月,北部地区(张家口、唐山)7月高温日数最多,约为1.7天,石家庄和邯郸代表的南部地区6月高温日数最多,分别约为7.2和7.3天。

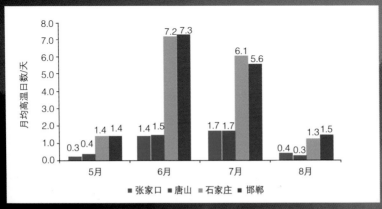

1961—2014 年河北省4个主要城市5—8月的月均高温日数

 河北省历史上的高温事件

① 1971年7月15—17日,石家庄地区因高温(36~38℃)和高湿(空气相对湿度≥70%)有100多人和数百头牲畜死亡。

② 1972年6月下旬—7月初,河北省南部平原地区因高温酷热而死亡的人数达数百人。

③ 2009年6月20—7月7日,河北省出现持续性、大范围高温天气,全省平均日最高气温34.7℃,正定、藁城、石家庄、无极、栾城、任县连续15天日最高气温超过35℃。特别是23—25日,中南部地区连续3天出现超过40℃的高温酷热天气。25日,邢台沙河观测站日最高气温达44.4℃,突破河北省有气象记录以来日最高气温历史极值。

· 高温的空间分布特征

① 河北省高温日数分布基本上是自北向南增加。

② 高温日数平原多于山区,坝上高原区很少出现。

③ 太行山山前平原地区出现次数最多。特别是大于40℃的日数最多,其原因除了地理位置偏南、海拔低之外,还有"焚风效应"的影响。

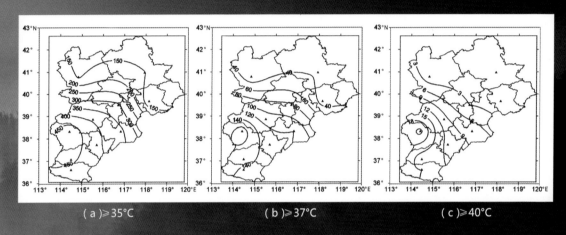

（a）≥35℃　　　　　（b）≥37℃　　　　　（c）≥40℃

1981—2010年河北省城市高温日数的空间分布（单位：天）

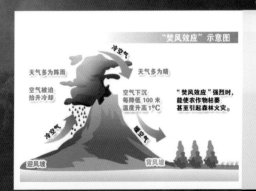

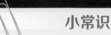

小常识

焚风效应:当气流翻越山脉下坡时,气流会变得又干又热,此气流所到之处,气温急剧升高、空气湿度急剧下降,这种效应被称为"焚风效应"。

高温的危害和防御

•危害

直接危害

使人体不能适应环境，导致疾病（如中暑等）的发生或加重，甚至死亡，对于动物也是一样。

影响植物生长发育，使农作物减产。

加剧土壤水分的蒸发，以致干旱的发生发展。

间接危害

高温天气时，路面温度极高，容易造成爆胎等现象，从而引发交通事故，甚至人员伤亡。

用水量、用电量急剧上升，加重供水、供电负担，若出现供给不足则给人们生活、生产带来不利影响。

使人心情烦躁，甚至会出现神志错乱的现象，因此容易造成公共秩序混乱、各种事故、火灾等的增多。

小常识

警惕中暑引发"热射病"

病因：在高温天气下，持续闷热导致皮肤散热功能下降，汗液难以排除，体内热量不能及时发散，热量集聚在脏器及肌肉组织，患者体内水分缺失引发多脏器衰竭。

症状：高热、昏迷、意识障碍、体温最高时可高达41℃以上。

应对：补充水分并抬至阴凉处平躺，解开衣服，使其体内温度及时散发出去。

· 农业防范措施有哪些

- 适时灌溉,不仅达到以水调温的目的,也可保证作物的水分供给,减轻高温危害。
- 采用根外施肥,喷施磷、钾肥,增强农作物抗高温能力。
- 蔬菜可采用遮阳网(具有挡强光、降高温、防蒸发等功能)等保护措施,达到稳产的目的。
- 对于果园,采取灌溉增加果树的水分供应或对树盘覆盖稻草等,降低温度,防止水分蒸发,也能起到减轻高温危害的作用。
- 设施农业应注意在气温高的时段覆盖草帘,气温低时掀开草帘并通风换气。

· 部门防范措施有哪些

教育部门:视情况通知学校调整上下学时间;体育课等户外活动避开
　　　　高温时段,采取有效措施保护在校学生安全。

安全生产监督管理部门:及时向高危企业通报预警信息,并组织开展
　　　　隐患排查治理;督促烟花爆竹企业按有关规定停产。

住房和城乡建设部门:组织对城市主要道路增加洒水频次。

公安部门:暂停或者取消高温时段室外大型活动和群众集会。

卫生部门:做好医疗卫生应急工作。

供电、供水单位:做好居民用电、用水高峰期保障及设备故障抢修工作。

· 人体防护措施有哪些

不在烈日下疾走

不到人多聚集地

预防日光性皮炎

注意饮食卫生

保持充足睡眠

多补充水分

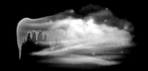 # 寒潮

Cold Wave

　　寒潮是河北省冬半年最主要的灾害性天气之一。寒潮是由于冷空气入侵造成，寒潮天气主要表现为剧烈降温，常伴有大风，有时伴有雨雪、雨凇或霜冻。寒潮天气给人们的生活带来各种不利，剧烈降温可使人畜、农作物等受到冻害。寒潮引起的暴雪、冻雨、冰冻等可导致道路结冰，河流封冻，影响交通和航空安全。

什么是寒潮

高纬度的冷空气大规模地向中低纬度侵袭,造成剧烈降温的天气活动即为寒潮。

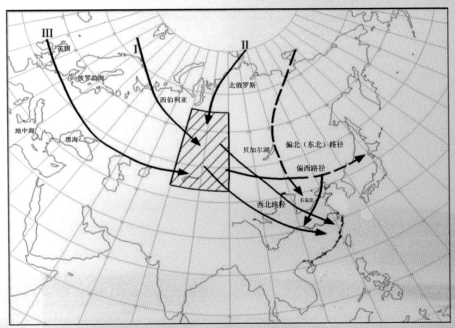

冷空气源地(Ⅰ、Ⅱ、Ⅲ)与寒潮关键区(斜线框区)和路径(箭头)

影响河北省的寒潮路径主要有:偏西路径、西北路径、偏北(东北)路径(如上图所示)。偏北路径的寒潮天气,一般以大风与强降温为主,有时伴有降水。西北路径的寒潮天气,多以大风降温为主。偏西路径的寒潮,多伴随降水天气,一般降温不剧烈,若有偏北路径的冷空气配合,易造成强降雪,由此产生的平流降温及因融雪从大气中吸收大量的融解热而引起的降温,也是可观的。

● 寒潮是如何形成的

在冬季中,高纬极地地区就成了冰雪世界,逐渐堆积起越来越强的冷空气。当它积累到一定程度,气压大大高于南方,一旦有适当条件时就会像决堤的洪水那样,向气压明显偏低的南方奔腾而下、一泻千里,这就形成了寒潮。

· 寒潮的标准与分级

寒潮:使某地的日最低(或日平均)气温24 小时内降温幅度≥8℃,或48 小时内降温幅度≥10℃,或72 小时内降温幅度≥12℃,并且使该地日最低气温≤4℃的冷空气活动。

强寒潮:使某地的日最低(或日平均)气温24小时内降温幅度≥10℃,或48小时内降温幅度≥12℃,或72小时内降温幅度≥14℃,并且使该地日最低气温≤2℃的冷空气活动。

特强寒潮:使某地的日最低(或日平均)气温24小时内降温幅度≥12℃,或48小时内降温幅度≥14℃,或72 小时内降温幅度≥16℃,并且使该地日最低气温≤0℃的冷空气活动。

小常识

寒潮关键区:影响我国的冷空气中95% 经过西伯利亚中部地区(43～65°N,70～90°E),并在那里聚集加强,该区域被称为寒潮关键区。

气温:天气预报中所说的气温,指在野外空气流通、不受太阳直射下测得的空气温度(一般在百叶箱内测定)。

日最低气温:一天中气温的最低值。

日平均气温:一天内各次定时观测的气温平均值。

河北省寒潮的时空分布特征

· 寒潮的时间分布特征

 1962—2008年的冬半年,河北省共出现全省性寒潮(寒潮与强寒潮总和,下同)424次(平均每年9次,即冬半年每月1次)。

 1.年际变化趋势

 自20世纪60年代中期开始,寒潮出现次数总趋势是下降的。这也与气候变暖,特别是暖冬趋势增强基本一致。

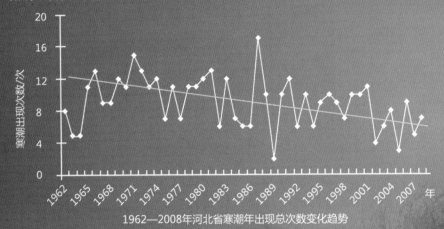

1962—2008年河北省寒潮年出现总次数变化趋势

 2.月际变化大

 寒潮主要出现在1—4和10—12月,11月最多达18.3%,9月最少只有0.7%。从季节看,深秋寒潮出现最多,11和10月出现几率分别为18.3%和12.5%,初春次之,3和4月出现几率分别为12.3%和8.9%。

1962—2008年河北省月寒潮出现几率

• 寒潮的地理分布特征

1.出现频率

河北省寒潮出现次数由西北高原山地向东南平原递减。张家口坝上高原寒潮最多,高原与丘陵地区略少于坝上。唐山、廊坊和保定市以南平原地区明显偏少,且各站相差不多(沧州中部、衡水东部、邢台东部和邯郸东部比周围略偏多,与当地的沙质地貌、地势偏低有关)。

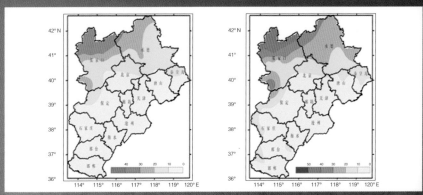

1962—2008年河北省各站寒潮年平均出现次数　历年河北省各站寒潮最多出现次数

2.爆发初终日期具有明显的地理特征

纬度、海拔高度、地形的综合影响造成了河北省寒潮天气地理分布上的较大差异.一般来说,冀北和西北太行山高山地区寒潮出现较早,而结束得晚;冀中南部平原和冀东平原则反之。

	寒潮首次爆发日期/月-日		寒潮结束日期/月-日		月最多次数/次
	最早	最晚	最早	最晚	
御道口	8-30	9-24	1-27	6-30	13
张家口	10-1	11-26	3-23	4-29	8
承德	10-6	11-25	2-24	4-29	8
涞源	9-21	11-10	2-10	5-3	12
廊坊	10-14	11-26	3-4	4-15	7
唐山	10-21	11-26	1-28	4-15	7
沧州	10-24	12-22	1-2	4-5	6
邢台	10-7	1-7	12-3	4-5	8

寒潮对农业的影响

春季寒潮易冻伤作物幼苗、果树的花蕾等，春季寒潮结束得越晚，对春播作物、越冬作物、经济林木影响越重。一年中，春季寒潮发生的次数越多，越容易发生倒春寒，对农业造成的损失越重。

河北省历史上的春季重大寒潮灾害事件

2013年4月19日，河北省部分地区出现中等程度寒潮，北部的大部分地区及中南部的部分地区日最低气温低于0℃，康保、尚义低于−10℃。由于部分果树正处于开花坐果期、中南部冬小麦处于拔节期，对温度比较敏感，本次低温冻害对林果生产和冬小麦的后期生长造成了一定的不利影响，尤其是对林果业影响较大，部分地区由于降温幅度大、低温时间长，影响更为严重。据不完全统计，因灾造成直接经济损失约9.84亿元。

秋季作物尚未成熟，低温超过作物所能忍受的程度而使作物受到伤害，并进而影响产量。秋季寒潮出现得越早，对农业生产造成的影响越严重。

河北省历史上的秋季重大寒潮灾害事件

2012年8月22—24日，张家口出现寒潮天气，大部分乡镇最低气温降至−1～−3℃，出现了自1961年有气象记录以来同期最强的寒潮天气。这次寒潮天气较常年提前了20天，直接经济损失约6.09亿元。

寒潮的主要危害及防御措施

· 主要危害

寒潮大风:寒潮大风主要是偏北大风,风力通常为5~6级,甚至可达7~8级,瞬时风力会更大。寒潮大风对农业、渔业、航运、道路交通和人们的出行等会造成很大影响,严重的可酿成灾害,造成人员伤亡,给国民经济带来巨大损失。

低温:寒潮天气的一个明显特点是剧烈降温,低温能导致河港封冻、道路结冰、冻裂管道及电力设施等,常会带来经济损失。低温对农业的不利影响主要是霜冻和冻害。寒潮带来的霜冻,一般出现在初春和秋末,对农作物危害较大。冻害特指冬季及其前后严寒对农作物的冻害。剧烈降温对人体健康非常不利,容易引发或加重感冒、气管炎和冠心病等疾病。

雨凇:一般在初冬或冬末初春季节,在寒潮降温天气中,有时云中会产生过冷却雨滴(云中温度虽然在零下,但水滴仍呈液态,被称为过冷却雨滴。当其降落碰到地面物体后会直接冻结成冰,形成雨凇(这种由过冷却雨滴构成的雨被称为冻雨)。在多数情况下,雨凇是一种灾害性天气,严重的雨凇厚度可达几厘米,能压断树木、电线和电线杆,造成供电和通讯中断,妨碍公路和铁路交通,威胁航空安全。

雪灾:寒潮有时会造成大面积降雪。冬季适量的积雪覆盖对于农作物越冬、增加土壤水分、冻死病菌及害虫、减轻大气污染等是有益的;但过多的降雪,就会造成灾害。在牧区,牧草被雪深埋,牲畜吃不上鲜草,干草供应不上,会造成冻饿或因而染病,发生大量死亡,对畜牧业危害很大,在北方地区俗称"白灾"。由于气温低,降雪过后不易融化,给道路交通及人们的出行带来一定困难。

· 防御措施

① 加固棚架设施,防止棚架倒塌或大风掀开棚膜加重冻害,并通过加盖草垫等方式给大棚保温增温;做好禽畜棚舍的防寒保温工作,水产养殖户要提前调试水温,适当减少投饵量。

② 交通部门做好道路融雪、融冰准备,必要时可关闭道路交通;有关部门要加强监控,提醒涉水单位和施工企业做好防范寒潮大风的准备。

③ 公众要及时添衣保暖;关好门窗,加固搭建物;外出注意防滑;煤炉取暖居民应提防煤气中毒。

暴雪

Snowstorm

　　暴雪是河北省冬季主要气象灾害之一。暴雪灾害影响交通、通信、输电线路安全；冻坏农作物，导致农业歉收或严重减产，对蔬菜生产和供应造成不利影响；伴随低温冻害，致使老人及牲畜冻伤或冻死；造成道路积冰，致使交通事故多发和行人跌倒或摔伤。

什么是暴雪

暴雪:指 24小时降水量≥10.0毫米,或者12小时降水量≥6.0毫米的降雪天气过程。

· 降雪等级划分表

预报用语	12小时降水量(毫米)	24小时降水量(毫米)
小雪(阵雪)	0.1~0.9	0.1~2.4
中雪	1.0~2.9	2.5~4.9
大雪	3.0~5.9	5.0~9.9
暴雪	6.0~9.9	10.0~19.9
大暴雪	10.0~14.9	20.0~29.9
特大暴雪	≥15.0	≥30.0

· 暴雪形成条件

① 充足的水汽输送;

② 大气的垂直运动,使水汽上升到高层冷凝结成云滴;

③ 适于云滴增长的条件,主要取决于云层厚度;

④ 低空及近地面温度在0℃以下。

•降雪量、积雪厚度和雪压

　　降雪量:指用一定标准的容器,将收集到的雪融化成水后测量出的量度,以毫米为单位。对于一次降雪过程,降雪量的多少就是降水量。

　　积雪厚度:指积雪表面到地面的垂直深度,在气象上称为雪深,以厘米为单位。

　　雪压:指单位面积上的积雪重量,单位为千克/平方米。

•干雪与湿雪

干雪			湿雪		
形成原因	雪重	危害	形成原因	雪重	危害
雪花在降落的途中,气层的温度始终在0℃以下,使其能够以雪花的姿态,降落到地面而成为干雪。	干雪含水量少,通常1平方米面积上8~10毫米积雪约重1千克。	干雪含水量少,但其不易融化,容易造成较大的雪灾。	雪花在降落的途中,高空时气层温度在0℃以下,但在近地面气层高于0℃,雪花落入后还未来得及全部融化便落到地面,就会成为半融状态的湿雪。	湿雪含水量高,通常1平方米面积上6~8毫米积雪约重1千克。	对于单位面积相同体积的雪,含水量高的湿雪较干雪重,雪压相对大,同时湿雪的黏性也要大一些,更易吸附在树枝、电线上,造成树枝折断,电线断裂或电线杆被拉倒。

河北省雪下在了哪

　　受地理位置和地形影响,河北省年均降雪日数由北向南逐渐递减,太行山区降雪日数较同纬度平原地区偏多5天左右。张家口和承德北部降雪日数在30天以上,其中张家口坝上地区降雪日数在50天以上,为全省降雪日数最多的地区。张家口和承德南部、保定和唐山北部、秦皇岛、太行山区降雪日数在15~20天,其他地区在10~15天。

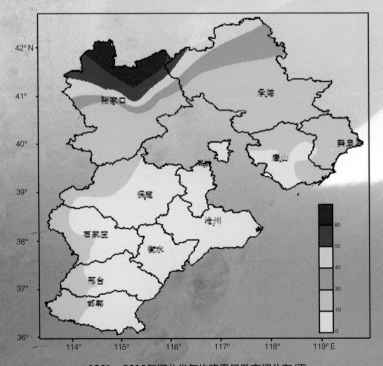

1961—2013年河北省年均降雪日数空间分布/天

　　一般来讲,初冬和初春时温度高,水汽含量较大,冷空气也相对比较活跃,是暴雪的高发期。从1961—2012河北省单日最大积雪深度空间分布看,除石家庄、沧州和邢台市外,其他地区最大雪深均不足35厘米;邢台西部单日最大雪深为35~40厘米,沧州西南部最大雪深在35厘米以上,其中泊头县1963年2月18日出现过50厘米的单日雪深;石家庄市西部单日最大雪深大多在35厘米,2009年11月12日,石家庄市出现全省雪深极值55厘米,其次是当日出现在井陉县的54厘米雪深。

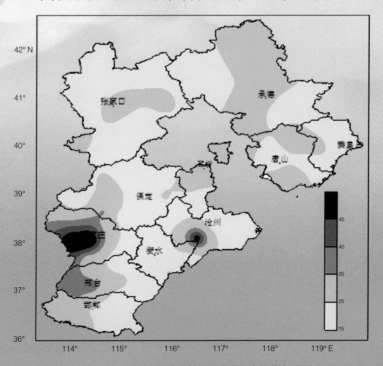

1961—2012年河北省单日最大雪深空间分布/厘米

暴雪带来的利与弊

对越冬作物的影响

主要来自三个方面：一是雪压造成机械损伤；二是降雪期间和雪后低温冻害；三是融雪后造成土壤过湿。

对设施农业的影响

大雪容易造成蔬菜大棚倒塌和毁损的现象。同时由于降雪时间过长、积雪过厚，降低了棚内温度和透光性，影响大棚蔬菜的正常生长。

对林业的影响

大雪会导致大量果树被积雪压断，苗木被积雪压塌。由于气温较低，树木上的冰挂易造成枝条被压裂、压断和压倒。

对养殖业的影响

寒冷天气使牲畜大量失热，增重速度下降，幼畜、病弱畜、家禽往往经不起寒流降温而造成死亡。对于畜牧来说，雪量过大，积雪过深，持续时间过长，则造成牲畜吃草困难，甚至无法放牧。同时，暴雪容易造成牲畜禽圈舍倒塌损坏，牲畜被砸死。

对交通的影响

降雪天气将导致出现道路积雪和结冰现象，路面雪水夜冻昼化，使得路况变差，严重影响交通运输，甚至造成交通瘫痪。

暴雪的益处

① 处于越冬期的冬小麦有积雪覆盖，减轻了冻害发生；

② 大雪导致的低温可以冻死越冬的害虫，抑制病虫害蔓延；

③ 可以带来丰富的水资源，有利于缓解旱情；

④ 大气中污染物可随降雪沉淀，可以明显改善空气质量。

河北省历史上的重大暴雪灾害事件

"2009-11-9—12"

2009年11月9—12日,受从蒙古国东移南下的强冷空气和南方暖湿气流的共同影响,河北省中南部出现暴雪,其中石家庄市有8个县降水量为51.1~93.5毫米,石家庄市区降水量最大93.5毫米。全省有47个县(市)的最大积雪深度突破当地有气象记录以来的历史极值,主要分布在中南部地区,其中石家庄大部、邢台西部、邯郸西部累计积雪深度超过30厘米,石家庄市区累计积雪深度最大为55厘米;中南部地区有29个县(市)日最大降雪量突破当地有气象记录以来的历史极值。

据河北省民政部门统计,这次暴雪使全省87个县(市、区)328.4万人受灾,其中因灾死亡7人,受伤109人,农作物受灾面积16.27万公顷,因灾倒塌房屋1544间,损坏房屋5046间,倒塌农业大棚22517个,城市集贸市场等大量设施被毁。因灾造成直接经济损失15.2743亿元。

雪灾的防御

· 农业生产雪灾防御

① 要及早采取有效防冻措施,抵御强低温对越冬作物的侵袭,特别是要防止持续低温对旺苗、弱苗的危害。

② 加强对大棚蔬菜和在地越冬蔬菜的管理,减轻连阴雨雪、低温天气的危害,雪后应及时清除大棚上的积雪,同时加强各类冬季蔬菜、瓜果的储存管理。

③ 要趁雨、雪间隙及时做好降湿排涝,以防连阴雨雪天气造成田间长期积水,影响作物根系生长发育;及时给作物盖土,提高防御能力,若能用猪、牛粪等有机肥覆盖,保苗越冬效果更好。

④ 要做好大棚的防风加固,并注意棚内的保温、增温,减少蔬菜病害的发生。

· 城市雪灾防御

① 相关部门应当加强道路、铁路、线路巡查维护,做好道路清扫和积雪融化工作,船舶进港避风,必要时封闭道路交通;

② 车辆应当采取防滑措施且应当减速慢行,防止发生交通事故,老、幼、病、弱人群不要外出,注意防寒保暖;

③ 关好门窗,紧固室外搭建物及大型广告牌,高空、水上等户外工作人员停止作业。

·畜牧业雪灾防御

① 做好畜禽栏舍、养殖设备的检查、维修工作,畜禽栏舍必要时要采取加固措施;暴雪天气,要及时扒掉栏舍顶的积雪,减轻栏舍承重以防倒塌。

② 做好畜禽舍的防冻保暖工作,加强饲养管理措施,备足十五天以上的饲料,舍外放养的畜禽如牛、羊、土鸡等要及时赶回,避免在外受冻死亡。

③ 及时做好栏舍内外的卫生清洁工作,注意畜禽舍的通风换气,保持畜禽栏舍四周排水沟的畅通和清洁卫生,低温严寒易使畜禽免疫能力下降,疫病发生风险加大,要密切关注疫情动态,防止疾病的发生和传染。

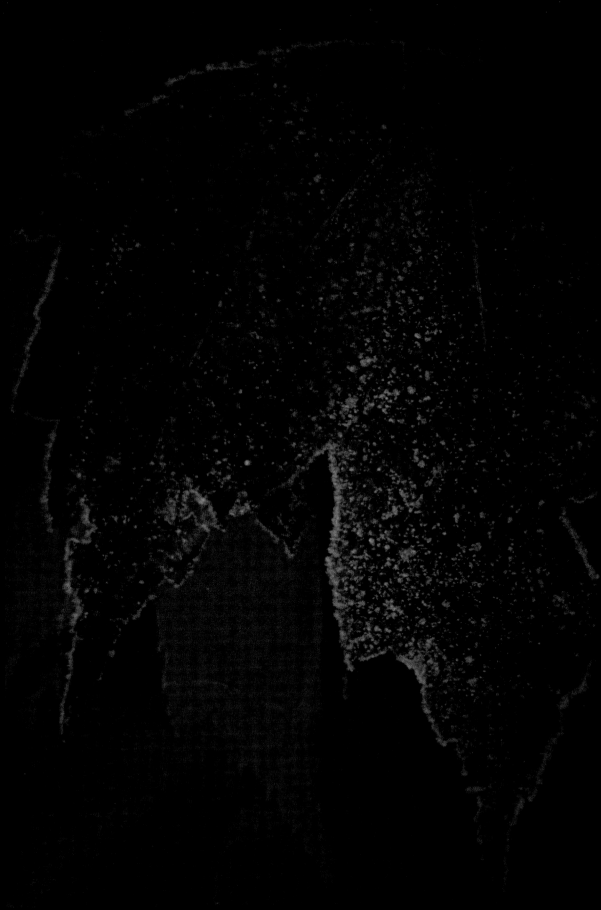

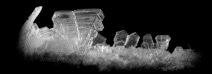

霜冻

Frost Injury

霜冻是一种农业气象灾害，在河北省大部分地区都可出现，在秋、冬、春季均可发生，主要发生在春季和秋季。春季时发生霜冻，影响作物生长、严重时可造成作物死亡；秋季，有些作物尚未成熟，露地蔬菜还未收获时发生霜冻，对作物的成熟和产量有直接影响。

霜与霜冻

• 霜

霜是指近地面空气中水汽直接凝华在温度低于0℃的地面上或近地面物体上而形成的白色冰晶,也称为白霜。有时水汽先凝结成露,然后冻结成霜。

• 霜冻

发生在冬、春或秋、冬之交,由于冷空气的入侵或辐射冷却,使土壤表面、植物表面以及近地面空气层的温度骤降到0℃以下,使植物的原生质受到破坏,导致植株受害或死亡的一种短时间的低温灾害。出现霜冻时,往往伴有霜,也可以不伴有霜,当地面温度达到0℃或以下时,如果空气湿度很小未能达到饱和,那么地面或作物叶面就不会出现霜,不伴有霜的霜冻被称为"黑霜"或"杀霜"。

什么条件下霜冻灾害容易发生

霜冻的形成原因主要包括：一是外界环境因素（主要有天气条件、地形等）；二是植物体自身因素。

·什么天气条件下最容易发生霜冻

在冷空气入侵后的早晨，或者晴朗无云（云量很少）、无风（微风）并且湿度不太大的夜间或凌晨最容易形成霜冻。

·什么地方容易出现霜冻

一般来说，在山地、丘陵的迎风坡和谷地易发生霜冻灾害；在水体附近一般霜冻较轻。

在封闭地形处（谷地），由于气流交换弱，不容易与周围环境进行热量交换，而且冷空气密度较大，往往在低洼处沉积形成"冷湖"，农谚"风打山梁霜打洼"就是一个生动的写照。

河北省霜冻灾害特点

· 霜冻主要出现在秋末春初

每年秋季出现的第一次霜冻被称为初霜冻。

每年春季出现的最后一次霜冻被称为终霜冻。

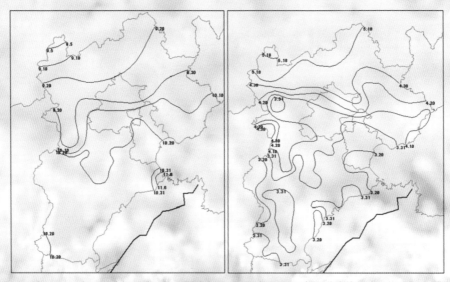

1962年—2008年河北省初霜冻平均日期分布图 1962年—2008年河北省终霜冻平均日期分布图

河北省初、终霜冻出现日期南北差异较大,而且无论是初霜或终霜出现最早日与最晚日的时差也大。

· 初霜冻

坝上地区初霜冻一般出现在8月下旬—9月上旬,北部高地与太行山北段出现在9月下旬,平原的中南部出现在10月中下旬。

河北省历史上的初霜冻灾害事件

1995年9月9—10日,受强冷空气影响,张家口、承德两市气温骤降,坝上地区气温降到–3～–2℃,这次霜冻使全部农作物受害。玉米叶受冻变黑,蚕豆、芸豆秧受冻而死,谷类作物一片灰白。这次严重霜冻涉及17个县(区)、286个乡镇、3845个村庄,农作物受灾面积47.8万公顷,成灾面积43万公顷,绝收9.5万公顷,直接经济损失约8.2亿元。

· 终霜冻

坝上地区平均于5月下旬—6月上旬结束霜冻,北部高原地区为4月下旬—5月上旬,平原大部地区终霜出现在3月下旬—4月上旬。

河北省历史上的终霜冻灾害事件

2014年5月2—7日,张家口、承德大部分地区及保定局部地区出现霜冻天气,最低地面温度出现在张家口市崇礼县,达–7.1℃。此次霜冻、低温天气对河北省中北部地区果树、设施农作物、春玉米和烟叶等造成很大影响。据民政部门统计,5月初的霜冻天气共造成河北省受灾人口82.7万人,农业受灾面积10.5万公顷,成灾面积6.4万公顷,绝收面积3.8万公顷,直接经济损失约9亿元。

· 初、终霜日极值

河北省初霜冻最早出现日期是7月27日(坝上御道口),终霜冻最晚出现日期是6月30日(坝上御道口)。

霜冻会造成哪些危害

霜冻主要出现在秋末春初。初霜冻出现得越早,对作物的危害越重,因该时作物尚未成熟,低温超过作物所能忍受的程度而受到伤害,进而影响产量。终霜冻则出现越晚越重,尤其在河北省的北部和东北部。

霜冻是一种农业气象灾害,其危害的机理是:

(1)温度下降到0℃以下时,细胞间隙间的水分形成冰晶,细胞内原生质与液泡逐渐脱水和凝固,使细胞致死。(2)解冻时细胞间隙中的冰融化成水很快蒸发,原生质因失水使植物干死。如果霜冻较轻,农作物还没有死亡,霜冻过后温度逐渐上升,细胞慢慢解冻,还可以恢复生命活动。

霜冻灾害的防御措施

• 灾前防御措施

灌水法

灌水可增加近地面层空气湿度,保护地面热量,提高空气温度。由于水的热容量大,降温慢,田间温度不会很快下降。因水温比气温高,水在植物遇冷时会释放热量,加上水温高于冰点,以此来防霜冻,效果较好。

遮盖法

就是利用稻草、麦秆、草木灰、杂草和尼龙等覆盖植物,既可防止外面冷空气的袭击,又能减少地面热量向外散失,一般能提高气温1~2℃。有些矮秆苗木植物,还可用土埋的办法,使其不致遭到冻害。这种方法只能

熏烟法

是用能够产生大量烟雾的柴草、牛粪、锯木、废机油、赤磷或其他尘烟物质,在霜冻来临前半小时或1小时点燃。这些烟雾能够阻挡地面热量的散失,而烟雾本身也会产生一定的热量,一般能使近地面层空气温度提高1~2℃。但这种方法要具备一定的天气条件,且成本较高,会造成大气污染,不适应于普遍推广,只适用于短时霜冻的防止和在名贵林木及其苗圃上使用。

霜冻施肥法

在寒潮来临前早施有机肥,特别是用半腐熟的有机肥做基肥,可改善土壤结构,增强其吸热保暖的性能。也可利用半腐熟的有机肥在继续腐熟的过程中散发出热量,提高土温。这种方法简单易行,但要掌握好本地的气候规律,应在霜冻来临前3~4天施用。

• 霜后补救措施

加强田间管理

对已发生冻害的作物幼苗,应在晴天清除受冻残体,注意茄果类蔬菜灰霉病、早疫病的发生与防治,可用50% 扑海因1000 倍、15% 绿佳宝1000 倍、28% 灰霉立克500~1000倍喷施。

果园可采取以下措施

① 花期受冻后,在花托未受害的情况下,喷赤霉素可以促进单性结实,弥补一定的产量损失。

②实行人工辅助授粉,促进坐果;喷施0.3% 硼砂和1% 蔗糖液混合液,全面提高坐果率。

③ 加强土肥水综合管理,养根壮树,促进果实发育,增加单果重,挽回产量。

④ 加强病虫害综合防控:果树遭受霜冻后,树体衰弱,抵抗力差,容易发生病虫害。因此,要注意加强病虫害综合防控,以尽量减少因病虫害造成的产量和经济损失。

⑤ 入冬后,可用石灰水将树木、果树的树干刷白,以减少散热。

雾

Fog

雾是一种使能见度下降的天气现象。雾对海陆空交通及通信等方面影响很大。尤其在雾较浓时，常导致交通事故发生、通信中断、电网遭到破坏等，给人民生命财产安全及国民经济带来巨大损失。同时，大雾出现时，城市的空气质量极差，给人体健康带来巨大危害。河北平原是多雾地区，在秋、冬季节有时会出现大范围的连续性大雾，这与河北地形有关。随着国民经济、城市群和高速公路的发展，雾的危害越发严重，人们对雾的重视程度逐渐增强，近年来对雾的研究较多，为减轻雾的危害奠定了基础。

什么是雾

雾是由于空气中的水汽达到饱和后凝结成极为细小的水滴或凝华成细小的冰晶（温度达到或低于0 ℃时），并悬浮在空中，使水平能见度小于1千米的天气现象。

· 雾等级划分

等级	水平能见度（千米）
雾	0.5~1
浓雾	0.05~0.5
强浓雾	<0.05

· 雾的分类

目前没有统一的雾的分类，就河北而言，最常见的雾有4种：辐射雾、平流雾、平流辐射雾和锋面雾。

雾的生成条件

· 基本条件

　　① 空气的温度持续下降或水汽持续增加：可使空气中的水汽达到并持续处于饱和状态，这样空气中的水汽才会不断凝结或凝华成雾滴（细小的水滴，温度在 0 ℃或以下时为冰晶）。

　　② 大气处于稳定状态：雾滴能长时间的悬浮在空中。

· 具体条件

　　① 雪后、雨后，或前期低层有暖湿气流，空气湿度增大；

　　② 夜间晴天或少云，地面辐射降温强烈，水汽易达到饱和；

　　③ 地面无风或风速微弱的情况下，雾滴不会被吹散；

　　④ 近地面有逆温层或等温层，雾滴不会通过对流进入高空。

小常识

　　锋面：冷暖空气的交界面。

　　冷锋：锋面在移动过程中，冷气团起主导作用，推动锋面向暖气团一侧移动，这种锋面称为冷锋。冷锋过境后，冷气团占据了原来暖气团所在的位置。

　　暖锋：锋面在移动过程中，若暖气团起主导作用，推动锋面向冷气团一侧移动，这种锋面称为暖锋。暖锋过境后，暖气团就占据了原来冷气团的位置。

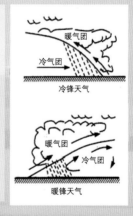

河北省雾的时空分布

· 月际分布

  1961—2013年,河北省1—5月雾日数逐月递减,3—6月雾日数最少,其各月平均雾日数均在1天以内。由于5—6月降水量逐渐增多,使7月以后的水汽增加,雾日数明显增多。冬季晴天时,大气逆辐射较弱,地面气温低,水汽易饱和而形成雾,造成11—12月雾日数最多,月平均雾日数均在2天以上,11—12月占全年雾日数的32.5%。

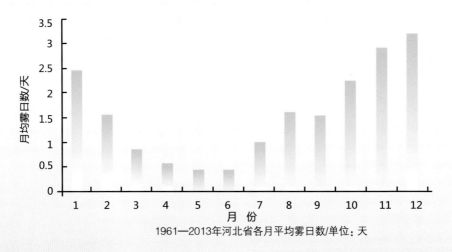

1961—2013年河北省各月平均雾日数/单位:天

· 雾的空间分布

  河北省雾日分布主要受地形影响,总体上为山前平原多、山区及沿海少。1961—2013年,河北省各地年平均雾日数在0.1~53.95天之间,唐山南部和太行山东部的平原内陆地区在20天以上,其中邢台宁晋地区雾日数最多,其次为石家庄东南部、邢台北部和邯郸南部,年均雾日数在30天以上。

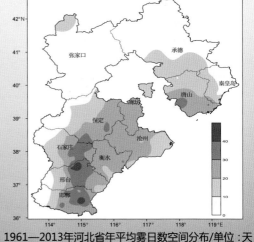

1961—2013年河北省年平均雾日数空间分布/单位:天

雾的生消

· 生消时间

　　河北省的雾多为辐射雾或平流辐射雾,因而辐射降温对雾的生成具有重要作用。一年之中,因季节造成的昼夜长短差异和日出日落时间不同必然会导致辐射降温最强时间的差异,因此雾的生消时间因季节有差别。

　　从平原站和山区站冬季雾生消分布图可以看出,冬季雾的生成时间主要在05—09时之间,而大部分雾生成于06—08时。冬季雾的消散时间集中在07—12时,山区站雾的消散时间要早于平原站。

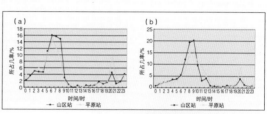

1959—2006年河北省冬季雾生消时间分布图
（单位:%）（a.生成；b.消散）

　　从夏季雾的生成消散图可以看出,夏季雾主要在04—07时之间生成,消散在06—09时。夏季雾维持时间较短,时段集中,这是它区别于冬季雾的地方。另外,夏季雾的生成和消散时间都早于冬季雾。

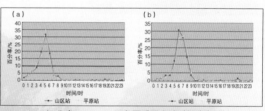

河北省1959—2006年夏季雾生消时间分布图
（单位:%）（a.生成；b.消散）

· 持续性大雾

　　河北省持续性大雾多出现在秋、冬季节的河北平原。河北平原各站最长连续大雾时间大部分可达9～15天,平原东南部的景县和广平县曾出现过连续15天大雾,时间为1994年11月17—12月2日。山区的持续性大雾最长持续时间一般不超过4天。

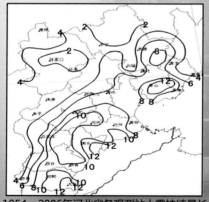

1954—2006年河北省各观测站大雾持续最长
时间分布（单位:天）

小常识

　　雾形成时或使空气增加水汽,或使空气冷却达到饱和;消散时则或因加入干空气,或使空气受热皆可。一般来说,风增强和日射加强可使雾消散

雾的危害

· 对交通有严重影响

　　大雾出现时，能见度很低，对海运、陆路和机场航班的起飞及降落都有很大的不利影响，严重时会造成交通事故，致使人员伤亡和财产损失。尤其是高速公路，曾发生过多起由于大雾造成多车追尾的重大事故。

　　海雾作为影响船舶航行的不安全因素，给海上航行安全带来的最大影响是能见度下降，造成船舶了望、陆标定位困难等，从而易发船舶触礁、碰撞等海上交通事故。雾天发生的海上交通事故以碰撞为最多。

· 对电力设施的危害

　　由于空气污染，雾滴上常附着一些带电离子和烟尘微粒，雾较浓时，在高压情况下，绝缘子会被击穿；在浓雾时，水汽太重，会形成导电通道，击穿瓷瓶；上述现象被称为"雾闪"，也被称为"污闪"。雾闪常常会导致电力机车停运、工厂停产及市民生活断电等。

· 对农业的不利影响

长时间的大雾,会引起光照不足、气温下降,对农作物生长不利。

· 对人体健康的危害

① 长时间的大雾,会影响人的心理健康。持续大雾天会使人出现沉闷、压抑的感觉,会刺激或者加剧心理抑郁状态。此外,由于雾天光线较弱及低气压,有些人会产生精神懒散、情绪低落的现象。

② 长时间的大雾,会影响身体健康。纯水滴或冰晶组成的雾对人体几乎无危害,但现在对于国内大多数地方而言(特别是城市),都存在着不同程度的空气污染。大气污染物(包括烟尘、汽车尾气、工业排放物和病菌等)容易附着在雾滴上,被人体吸入,危害健康(如引起呼吸系统的疾病等)。

河北省历史上的大雾灾害事件

2013年1月8—31日，河北省出现大范围长时间雾和霾天气，共出现雾和霾1092站日，是常年同期近5倍。中南部和唐山西南部地区大雾日数在5天以上，邢台、邯郸、沧州三市部分地区超过15天，邱县和柏乡出现18天，为全省最多。

公路交通

2013年1月17日，河北境内大广高速公路邱县段因团雾相继发生9起交通事故，致4人死亡、9人受伤，20多台车不同程度受损。

航空

2013年1月21日，石家庄国际机场自21日07时30分开始出现大雾天气，能见度一直在100～400米徘徊，达不到起降标准，导致机场64个航班延误，11个航班取消。

雾的防御

 ① 注意收听和查看天气预报。定制气象短信的手机用户会随时接收到大雾预警信号。

 ② 大雾天气应尽量减少户外活动，尤其是不进行一些剧烈活动，出门时最好带上薄口罩，外出回来后应该立即清洗面部及裸露的肌肤。大雾来临时，应暂停晨练。

 ③ 冬季低温下出现大雾，容易诱发关节炎。因而要多穿衣服，注意防潮保暖。

 ④ 大雾天气容易造成一氧化碳中毒，靠室内煤炉取暖的人们要做好通风措施。

 ⑤ 行车要减速慢行。司机要小心驾驶，须打开雾灯，与前车保持足够的制动距离。停车时要注意先驶到外道、打开车双闪后再停车。

霾

Haze

　　雾和霾常常相伴出现，并可相互转化，但成分不同且对人类健康的影响也有所不同。河北省是霾的多发地区，除受地形影响外，霾的出现也与人类活动密切相关，随着某些工业、矿业和建筑业的发展以及机动车辆的增加，霾出现频率也相应增加。

什么是霾

霾: 是指悬浮在大气中的大量微小尘粒、烟粒或盐粒等干性物质, 使空气浑浊, 水平能见度降低到10千米以下的天气现象。

· 雾与霾的区别

雾 与 霾 常 交 织 出 现

雾		霾
由近地面层以下的气层里面的微小水滴组成		主要成分是尘埃, 如硫酸、硝酸一类微小颗粒物(常为$PM_{2.5}$)
95%以上	相对湿度	80%以下
1千米以下统称为雾 1千米以上统称为轻雾	能见度	1千米以上10千米以下
白色或灰色	颜色	有点发黄、褐色
黄、橙、红（由低到高）	预警等级	黄、橙、红（由低到高）

· 霾与雾的共性

① 霾与雾都是使水平能见度下降的天气现象；

② 霾与雾都是在大气稳定状态下形成的。

· 霾与雾的相互转换

清晨有雾特别是轻雾的情况下，当气温升高，空气中的水汽变为不饱和状态时，雾滴就会蒸发成水汽，其凝结核悬浮在空中就变成了霾颗粒，霾也就形成了。所以有时早上有雾，下午有霾。

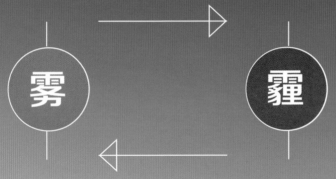

特别细小的霾颗粒是可以作为凝结核的，当空气的温度下降或水汽增多时，水汽会由不饱和状态变为饱和状态，在这种情况下霾颗粒便作为凝结核，使水汽凝结或凝华成雾滴，霾就演变成了轻雾。所以有时下午有霾，到夜间就变成了雾。

霾如何形成

·霾的形成主要需要两个条件

① 空气中含有大量的细微尘粒、烟粒或盐粒等干性物质。该条件在国内的大多数城市上空都能被满足。

② 大气处于稳定状态,可使霾颗粒聚集并能较长时间的悬浮在空中。该条件可细分为两条:

地面及近地层无风或微风,霾颗粒不会被风吹散;

低空有等温层或逆温层,霾颗粒无法向高空扩散。

·霾等级划分

等级	等级划分依据
轻度霾	能见度大于等于3千米且小于5千米,空气相对湿度小于等于80%;
中度霾	能见度大于等于2千米且小于3千米,空气相对湿度小于等于80%;
重度霾	能见度小于2千米,空气相对湿度小于等于80%。

· PM_{2.5}是产生霾的"罪魁祸首"

大气中的污染物可以分为气态污染物（如二氧化硫、一氧化氮）和颗粒污染物两大类。大气颗粒物是悬浮在大气中的固体和液体颗粒，粒径范围从几纳米（1纳米=10^{-6}毫米）～100微米不等。

$PM_{2.5}$，也称细颗粒或可入肺颗粒物，是指空气动力学直径小于或等于2.5微米的颗粒物，通常用质量浓度表示，单位为微克/立方米。$PM_{2.5}$粒径小，富含大量的有毒、有害物质且在大气中的停留时间长，输送距离远，因而对人体健康和大气环境质量的影响更大。

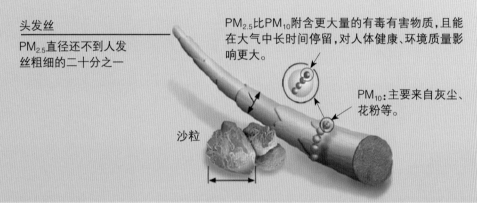

头发丝

$PM_{2.5}$直径还不到人发丝粗细的二十分之一

$PM_{2.5}$比PM_{10}附含更大量的有毒有害物质，且能在大气中长时间停留，对人体健康、环境质量影响更大。

PM_{10}：主要来自灰尘、花粉等。

沙粒

· AQI是什么

空气质量指数(AQI)是定量描述空气质量状况的无量纲指数。参与空气质量评价的主要污染物为细颗粒物、可吸入颗粒物、SO_2、NO_2、O_3和CO六项。

AQI只表征污染程度，并非具体污染物的浓度值，通过AQI可以反映出大气污染状况。爆表一般是指AQI超过500。

六级 严重污染 300以上	五级 严重污染 201～300	四级 中度污染 151～200	三级 轻度污染 101～150	二级 良 51～100	一级 优 0～50
健康人运动耐受力降低，有明显强烈症状，提前出现某些疾病。	心脏病和肺病患者症状明显加剧，运动耐受力降低，健康人群普遍出现症状。	进一步加剧易感人群症状，可能对健康人群心脏、呼吸系统有影响。	易感人群症状有轻度加剧，健康人群出现刺激症状。	空气质量可接受，但某些污染物可能对极少数异常敏感人群健康有较弱影响。	空气质量令人满意，基本无空气污染。

河北省霾的分布

·月际分布：冬季霾多、夏季霾少

　　冬季霾多、夏季霾少。其原因主要是冬季河北大气状态相对稳定，容易形成逆温层。逆温层阻碍了空气中尘埃、烟粒等干性物质及其他污染物扩散；夏季大气经常处于不稳定状态，有利于污染物扩散。夏季降水多（河北夏季降水量占全年的71%），对空中污染物起到了冲刷作用。

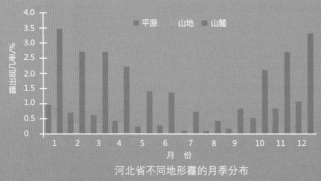

河北省不同地形霾的月季分布

　　河北省不同地形霾的季节变化特征的共同点是：冬季（12、1和2月）霾频数最大，夏季（6—8月）霾频数最小。不同点是：山麓（太行山东麓和燕山南麓）和山区（包括冀北高原、燕山山地和太行山山地）霾频数是春季（3—5月）高于秋季（9—11月）；而平原是秋季高于春季。

· 空间分布：山麓霾天数最多

　　河北省霾的出现频数具有明显的地域特征，山区、山麓与平原的差异较大。

　　太行山东麓和燕山南麓霾的年平均日数明显高于山区和平原。山麓地区站霾年平均频数为23.9天/年站；平原为5.4天；山区为3.3天。单站霾频数最大值是89.0天，最小值不足0.1天。低于0.1天/年的测站有7个，均位于河北省的东北部地区。

　　霾的形成与大气污染物浓度密切相关。山麓多霾，是由于影响河北省的天气系统大多来自偏西或偏北方向。而燕山和太行山形

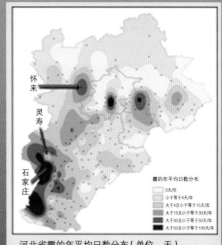

河北省霾的年平均日数分布（单位：天）
注：图中包含京津两地资料，为观测点

成的"弧状山脉"对天气系统起到了阻挡和削弱的作用，使山麓地区形成了一个"避风港"，因而大气稳定程度高于山区和平原，大气污染物质不易扩散，利于霾的形成。

霾的危害

① 影响身体健康。霾的组成成分非常复杂,包括数百种大气颗粒物。其中有害人类健康的主要是直径小于10微米的霾颗粒,而且直径小于2.5微米的霾颗粒对人体危害更大,它是可吸入颗粒物(可吸入肺),能直接进入并粘附在人体上、下呼吸道和肺叶中,可引起鼻炎、支气管炎等病症。

② 影响心理健康。霾天气容易使人情绪压抑,连续严重的霾天,可能诱发抑郁症。此外,连续严重的霾天,可使光照不足,对农业也有不利影响。

· 如何防范雾/霾天气

① 避免霾天晨练。晨练时人体需要的氧气量增加,随着呼吸的加深,霾中的有害物质会被吸入呼吸道,从而危害健康。

② 尽量减少外出。雾霾天气外出要戴口罩,可以有效防止粉尘颗粒进入体内,戴口罩时间不宜过长,并且要定期更换。

③ 人体表面的皮肤直接与外界空气接触,很容易受到雾/霾天气的伤害。外出时间长,肌肤毛孔中容易形成黑头,造成毛孔阻塞、角质堆积和肌肤起皮等肌肤问题,所以自我保护的首要措施就是深层清洁肌肤表层,清洁毛孔。

④ 饮食清淡多喝水。雾/霾天多饮水,多吃新鲜蔬菜和水果,不仅可以补充各种维生素和无机盐,还能起到润肺除燥、祛痰止咳的作用;少吃刺激性食物,多吃些梨、枇杷、橙子等清肺化痰食品。

连阴雨

Cloudy-Rainy Weather
for Several Days

连阴雨是指连续3天以上的阴雨天气现象。连阴雨对农业、人体健康等有不利影响，严重时会造成灾害。连阴雨春、夏、秋三季都可发生。在河北省对农业造成较大不利影响的连阴雨主要是发生在4月上旬—10月中旬的连阴雨，尤其是春播（主要是4月）、麦收（6月）和秋收（主要是9月中旬—10月中旬）时节的连阴雨，会给农业生产带来巨大损失。

连阴雨的类型、危害及防治措施

连阴雨指连续3~5天以上的阴雨天气现象（中间可以有短暂的日照时间）。连阴雨是一种大型天气过程。降水范围大、持续时间长。一次长时间的连阴雨过程，往往是由两次或以上的降雨过程组成。

· 河北连阴雨的类型

在河北省连阴雨春、夏、秋三季均可发生。大致分为两类：

① 过渡季节连阴雨：指春季和秋季出现的连阴雨，因为春、秋季节是冬、夏转换的过渡季节，所以此季节出现的连阴雨被称为过渡季节连阴雨。

② 夏季连阴雨：指出现在夏季的连阴雨。

· 连阴雨的危害

（1）对大田作物生产的不利影响

春季的连阴雨常与低温相伴，影响春小麦、春玉米及棉花等春播作物的出苗和生长。尤其在4月，正值河北省春作物播种时期，播前出现连阴雨会造成推迟下种，播后出现连阴雨会使种子霉烂。

1964年4月中下旬，河北平原、太行山区出现了10天左右的连阴雨天气，严重影响了棉花等春播作物的播种。

连阴雨对小麦的危害

连阴雨对玉米的危害

夏季是农作物的结实阶段，此时的连阴雨会导致籽实发芽、霉变，使农作物产量和质量遭受严重影响，尤其是麦收期间的连阴雨，对小麦收获影响很大，往往造成小麦发芽、霉烂，抢收后的小麦得不到充分晾晒。

1989年6月上旬，河北中南部地区出现连阴雨天气，造成大量小麦霉烂在麦场田间。

秋季出现的连阴雨会造成秋粮和棉花等经济作物减产、果实霉变等,尤其是9月中旬—10月中旬,这段时间是农作物的主要收获期,10月上中旬也是冬小麦的播种期,连阴雨会严重地影响秋收和种麦。

2007年9月26—10月10日,河北省中南部地区持续出现连阴雨天气,据统计,此次灾害造成直接经济损失约25.79亿元,其中农业经济损失约24亿元。

（2）对设施农业的影响

长时间阴雨,造成气温显著低于常年同期值。冬季连阴雨雪天气对日光温室中蔬菜生长发育影响较大,并引发温室蔬菜的病害。连阴雨雪天气期间,温室气温下降幅度不大,转晴后,夜间辐射冷却增强,温室气温大幅下降,蔬菜容易遭受冷害或冻害。

（3）其他不利影响

① 连阴雨不利于出行;② 连阴雨对户外施工有不利影响,严重时可导致工程停工;③ 长时间大雨量的连阴雨,易引发洪涝灾害和山洪、泥石流等地质灾害,此种灾害在河北省主要出现在夏季。

· 河北省连阴雨的防范措施

① 当连阴雨造成涝渍现象时,需对农田及时清沟排水,降低水位。

② 田间渍水严重会导致根系活力下降,应及时排水。对棚内作物应采取施肥、培土、人工补光等措施,以防天气转晴、太阳出来后作物可能出现萎蔫现象。若连阴雨使气温偏低时,应对棚室加温。

③ 若降水较强时,还应注意及时采取措施预防山体滑坡、泥石流等地质灾害。

连阴雨对秋收作物的危害

大风

Gale

　　大风是河北省主要灾害性天气之一，一年四季均有发生。河北省平均每年发生大风灾害100余次，每年风灾造成直接经济损失近10亿元。随着河北省社会经济的快速发展和沿海港口产业的快速崛起，大风对交通、水上作业、设施农业及施工作业造成越来越严重的影响。

河北省致灾大风种类

· 寒潮大风

出现在秋末及冬、春季节,以偏北风为主,持续时间长,范围大,风后降温显著,给人民生产、生活带来不利影响。寒潮大风在冀北高原冬季易形成风吹雪,俗称"白毛风";春季常伴随沙尘暴发生,俗称"黄毛风"。

· 雷雨大风

还称作飑,指在出现雷、雨天气现象时所出现的大风,是一种强对流天气,它发生在对流云系或单体对流云团中。雷雨大风有时还伴有冰雹。雷雨大风空间尺度小,一般只有几千米至几十千米;其生命史短暂并带有明显的突发性,持续时间短一般仅有几十分钟,甚至几分钟。在河北雷雨大风可出现在4月下旬—10月,但主要出现在6—7月。雷雨大风持续时间短,风速大,危害重,给工农业生产造成很大损失。强烈的雷雨大风还可引发龙卷风(小直径的剧烈旋转风暴,产生于十分强烈的雷暴中,以积雨云底部下垂的漏斗云形式出现。河北年均发生龙卷风1次)。

· 偏东大风

　　主要是由冷空气沿偏东路径南下以及热带气旋北上造成的河北沿海地区的大风天气。主要出现在春、秋两季的沿海地区,常造成涌浪,甚至引发风暴潮,对海洋运输及渔业生产影响严重。

小常识

干热风

　　干热风是一种高温、低湿并伴有一定风力的农业灾害性天气。习称"火南风"或"火风"。主要出现在春季—夏初,一般为东南、南和西南大风,持续时间较短,有明显的日变化,多出现在午后。常造成短时增温,农作物失墒、失水。

河北省大风季节变化及空间分布

· 大风日数的月际变化

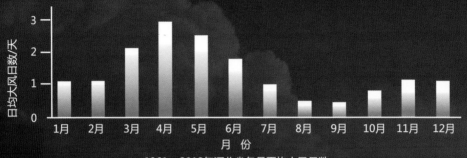

1961—2012年河北省各月平均大风日数

· 大风日数的季节变化

春季（3—5月）大风日数最多，春季冷空气势力虽有减弱，但仍能形成寒潮大风；海陆温差的变化也能产生偏东或偏南大风。

冬季（12月—次年2月）大风日数次之，虽然冷空气势力强、入侵河北频繁，但其他大风不如春季多。

夏季（6—8月）和秋季（9—12月）最少，夏季主要是雷雨大风，发生频率相对较低，但是夏季雷雨大风强度大，往往是风灾多发的季节。秋节各类大风均较少。

· 大风日数的空间分布

河北省具有南北跨度大、地形复杂等特点，因此，全省各地出现大风日数的分布极不均匀。1931—2012年，河北省多年平均各地大风日数在4—54天之间，承德东部、唐山、秦皇岛、保定东部、沧州西部、廊坊西南部及以南大部分地区年平均大风日数在14天以下；承德西部、保定西部和张家口大部的年平均大风日数在24天以上，张家口局部地区年平均大风日数超过34天，张家口的尚义年平均大风日数最多，为54天，其他地区在14—24天之间。

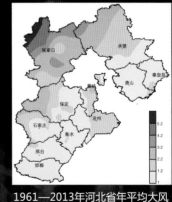

1961—2013年河北省年平均大风日数空间分布 /天

河北省大风灾害特点

1.由大风灾害造成的经济损失和人员伤亡中,95%涉及农村、农业和农民。

2.90%以上的大风灾害发生在大风天气较少的夏季,且都为强对流天气引发,并常与暴雨、冰雹和龙卷风等相伴发生。

3.相较20世纪,农业、林业、城市临时建筑、交通、航空和船舶等已成为大风灾害影响的重点对象,因大风灾害造成的人员伤亡和房屋倒塌数量明显降低。

4.大风日数逐年减少,大风灾情次数及灾害损失逐年增加。

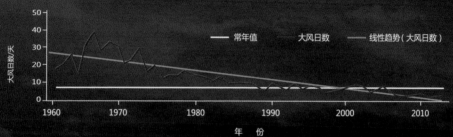

1961—2013年河北省年平均大风日数/天

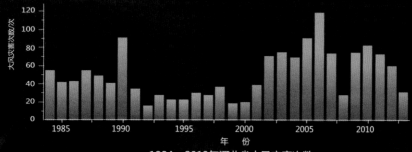

1984—2013年河北省大风灾害次数

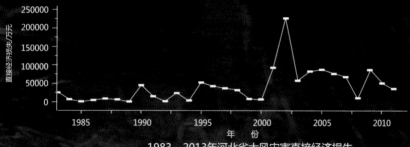

1983—2013年河北省大风灾害直接经济损失

大风的防御措施

① 当有寒潮大风来临时,应特别注意交通安全。

② 尽量减少外出,必须外出时少骑自行车,不要在广告牌、临时搭建筑物下面逗留、避风。

③ 如果正在开车时,应驶入地下停车场或隐蔽处。

④ 如果住在帐篷里,应立刻收起帐篷到坚固结实的房屋中避风。

⑤ 如果在水面作业或游泳,应立刻上岸避风;船舶要听从指挥,回港避风;帆船应尽早放下船帆。

⑥ 在房间里要小心关好窗户,在窗玻璃上贴上"米"字形胶布,防止玻璃破碎;远离窗口,避免强风席卷沙石击破玻璃伤人。

⑦ 在公共场所,应向指定地点疏散。

• 风力等级感受表(浦福风级表)

■ 0~12级

风级	0	1	2	3	4	5	6	7	8	9	10	11	12
名称	静稳	软风	轻风	微风	和风	清劲风	强风	疾风	大风	烈风	狂风	暴风	飓风
风速 (m/s)	0.0~0.2	0.3~1.5	1.6~3.3	3.4~5.4	5.5~7.9	8.0~10.7	10.8~13.8	13.9~17.1	17.2~20.7	20.8~24.4	24.5~28.4	28.5~32.6	32.7~36.9
(km/h)	<1	1~5	6~11	12~19	20~28	29~38	39~49	50~61	62~74	75~88	89~102	103~117	118~133
陆地地面征象	静,烟直上	烟示风向	感觉有风	旌旗展开	吹起尘土	小树摇摆	电线有声	步行困难	折毁树枝	小损房屋	拔起树木	损毁重大	摧毁级大

■ 13~17级以上

风级	13	14	15	16	17	17级以上
风速(m/s)	37.0~41.4	41.5~46.1	46.2~50.9	51.0~56.0	56.1~61.2	≥61.3
(km/h)	134~149	150~166	167~183	184~201	202~220	≥221

注:本表所列风速是指平地上离地10米处的风速值

风的益处和危害

• **带动全球大气能量和物质交换**

　　风能带来冷空气和季风,使地球温度宜人,并带来适量的雨水。

• **风能是分布广泛、用之不竭的能源**

　　利用风能发电,可减少矿物能源的利用,保护了环境。

• **风在改善农田环境中起着重要作用**

　　空气流动形成风,风对空气中的二氧化碳、氧气、热量等进行输送和交换,并可传播植物花粉、种子,帮助植物授粉和繁殖。

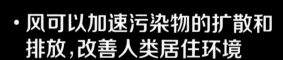

• **风可以加速污染物的扩散和排放,改善人类居住环境**

什么是龙卷风

· 龙卷风

指的是小直径的剧烈旋转风暴，产生于十分强烈的雷暴中，以积雨云底部下垂的漏斗云形式出现。

· 龙卷风的分类

漏斗云：未伸及地面的龙卷风，被称为漏斗云，几乎无危害。

陆龙卷：伸及陆地的龙卷风被称为陆龙卷，能吸起巨大的沙尘，形成尘柱，危害极大。

水龙卷：伸及水面的龙卷风被称为水龙卷，能吸起巨大的水柱，危害大。

· 龙卷风的特征

① 旋转强，吸力大。

② 出现突然，风速通常约50米/秒，高者可达150～200米/秒，甚至还可超过声速。

③ 尺度往往在十几米到数百米，一般不超过1000米，生存时间一般只有几分钟，最长也不超过数小时，移动路径长度为几十米至几十千米。

④ 我国龙卷风常发生于5—9月，出现时间以下午至傍晚最多。

⑤ 在一个积雨云母体下，有时发生数个龙卷风，有时伴有雷电、大雨、冰雹。

身边的龙卷风及防御措施

河北省历史上的龙卷风灾害事件

① 1987年8月26日13时30—17时30分，在河北省南部、山东省西南部至少出现了9个龙卷风，维持时间最长的达45分钟，最短的只有几分钟。该龙卷风群造成数十人死亡，经济损失惨重。

② 2009年7月20日14时20分左右，承德市平泉县黄土梁子镇三家村出现龙卷风，造成一人受伤，多间房屋受损，最严重的一家养鸡厂被刮塌，损失惨重，庄稼树木被破坏。

③ 2013年8月4日晚，河北省保定市唐县以及望都周边遭遇龙卷风灾害，导致各个通往唐县望都路段路边的树木全部被连根拔起，部分电线杆折断，严重堵塞交通，全县停水停电三天，玉米等农作物全部绝收，造成巨大经济损失。

· 龙卷风的防御措施

在室内，务必远离门、窗和房屋的外围墙壁，躲到与龙卷风方向较远的墙壁或小房间内抱头蹲下，同时，用厚实的床垫或毯子罩在身上，以防被掉落的东西砸伤。躲避龙卷风最安全的地方是地下室或半地下室。

在电线杆歪倒、房屋倒塌的紧急情况下，应及时切断电源，以防人体触电或引起火灾。

在野外遇到龙卷风时，应以最快的速度朝与龙卷风前进路线垂直的方向逃离。来不及逃离的，要迅速就近找一个低洼地趴下，但要远离大树、电杆，以免被砸、被压和触电。趴下的正确姿势是：脸朝下，闭上嘴巴和眼睛，用双手、双臂保护住头部。

开车外出遇到龙卷风时，千万不能开车躲避，也不要在汽车中躲避，因为汽车对龙卷风几乎没有防御能力，应立即离开汽车，到低洼地躲避。

沙尘暴

Sand and Dust Storm

沙尘暴是我国西北地区和华北北部地区出现的强灾害性天气，可造成房屋倒塌，交通供电受阻或中断、火灾、人畜伤亡，污染自然环境，破坏作物生长，给国民经济和人民生命财产安全造成严重损失和极大危害。河北省沙尘暴天气多发于北部高原，对河北农业、交通和电力等方面产生很大影响。

沙尘暴的特征

·定义

　　沙尘暴是沙尘天气的一种。指强风将地面大量尘沙吹起,使空气很混浊,水平能见度小于1千米的天气现象。

·沙尘天气分类

　　沙尘天气是风将地面尘土、沙粒卷入空中,使空气混浊的一种天气现象的统称,包括浮尘、扬沙、沙尘暴、强沙尘暴和特沙尘暴。

　　浮尘:当天气条件为无风或平均风速小于等于3米/秒的时候,沙尘游浮在空中,使水平能见度小于10千米的的天气现象。

　　扬沙:风将地面尘沙吹起,使空气相当混浊,水平能见度在1~10千米以内的天气现象。

　　沙尘暴:强风将地面大量尘沙吹起,使空气很混浊,水平能见度小于1千米的天气现象。

　　强沙尘暴:大风将地面尘沙吹起,使空气很混浊,水平能见度小于500米的天气现象。

　　特强沙尘暴:狂风将地面尘沙吹起,使空气很混浊,水平能见度小于50米的天气现象。

· 中国沙尘暴情况

中国的沙尘暴主要发生在北方地区,其中南疆盆地、青海西南部、西藏西部及内蒙古中西部和甘肃中北部是沙尘暴的多发区。 从中国各月沙尘暴日数占全年的百分比来看,4月最多,占全年的22.7%;5月次之,占全年的16.8%;10月最少,仅占全年的1.8%。

· 沙尘暴来之前的准备

① 关好门窗,可用胶条对窗户进行密封,对精密仪器进行苫盖密封。

② 准备好口罩和纱巾等防尘、防风物品。

③ 如果是危旧房屋,人员应马上转移避险。

④ 幼儿园、学校采取暂避措施,建议停课。

⑤ 露天集体活动或室内大型集会应及时停止,并做好人员疏散工作。

⑥ 田间劳动应及时停止,并到安全区域暂避。

· 避险要点

① 待在室内,不要外出,特别是抵抗力较差的人员更应该待在门窗紧闭的室内。

② 如在室外,要远离树木、高耸建筑物和广告牌,蹲靠在能避风沙的矮墙处。

③ 在田间,应趴在相对高坡的背风处,或者抓住牢固的物体,绝对不要乱跑。

④ 外出时穿戴防尘的衣服、手套、面罩及眼镜等物品;回到房间后应及时清洗面部。

⑤ 一旦发生慢性咳嗽或气短、发作性喘憋及胸痛时,应尽快到医院检查、治疗。

河北省的沙尘暴特点

沙尘暴日数空间分布

　　沙尘暴的形成条件，一是要有超过起沙的风速，二是沙源充足。河北省沙尘暴发生北部高原多于山区、平原，西北部高原沙尘暴最多，年平均沙尘暴日数超过5天，东南部平原地区一般为1~5天。承德中部南部及太行山区由于沙源少、气候比较湿润，年平均沙尘暴日数不足1天。

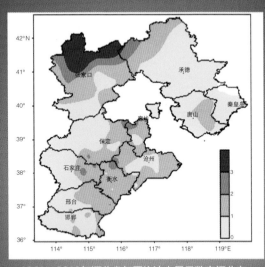

1961—2013年河北省年平均沙尘暴日数空间分布（单位：天）

沙尘暴日数季节分布

　　1961—2013年，河北省沙尘暴天气主要出现在春季，占全年的61.1%，其中4月最多，平均每年4月超过0.3天；其次是冬季，发生日数占全年17.8%；夏季发生沙尘暴日数占全年16.7%；秋季最少，不足全年的3%。

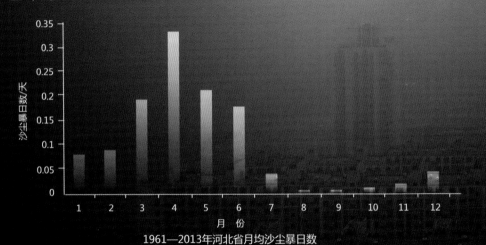

1961—2013年河北省月均沙尘暴日数

· 沙尘暴日数年际变化

　　1961—2013年河北省沙尘暴日数多年平均值为1.41天，近53年呈减少趋势，1980年以来沙尘暴出现日数明显偏少。

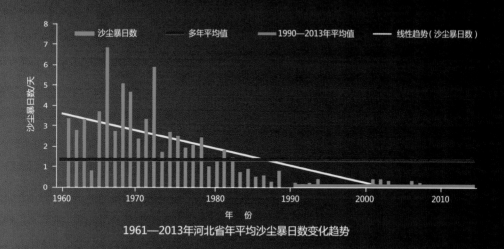

1961—2013年河北省年平均沙尘暴日数变化趋势

· 沙尘天气对河北省的影响

　　扬沙和沙尘暴天气对河北省农业、交通、电力，人民生产生活及身体健康等方面产生很大影响。

河北省历史上的沙尘天气事件

　　2000年4月5—7日,唐山滦县连续出现沙尘天气,风力最大达6级,给农业生产带来不利影响,致使部分冷棚被刮坏,秧苗受损,受灾小麦达666.7亩(1亩≈666.7平方米,下同)。

　　2010年3月20日,邢台威县出现沙尘暴天气伴有大风,造成408人受灾,农作物受灾面积13.6公顷,绝收10公顷,直接经济损失约136万元。

　　2010年4月26日,衡水南部、邢台东部、邯郸东部有13个县(市)出现沙尘暴天气,邢台最大风力达11级,百余杨树"竞折腰",邯郸9级烈风吹倒铁塔,蔬菜基地刮走约4亿元损失。

河北省气象灾害防御体系

气象防灾减灾，根在于防，核心在减，关键是把预报变成预警、把信息变成信号，做到谋事在先、防患未然。这需要完善的气象灾害防御体系作为支撑。"十二五"期间，河北省将气象灾害防御体系作为经济社会发展的重要社会基础设施和民生工程来建设，取得明显成效，全省因气象灾害造成的直接经济损失降至GDP的0.65%以下。

创新气象灾害防御组织体系

河北省气象防灾减灾工作坚持"协同防灾、全社会防御"的理念,构筑政府、社会和公共服务"三类"组织与责任体系,建立了气象灾害防御"政府领导、部门联动、社会参与、服务保障"新机制,实现了由单一部门防灾向综合防灾减灾的转变,在近两年重大气象灾害防御中发挥了重要作用。

· 河北省气象灾害防御组织责任体系

政府领导 部门联动 领导责任
- 省、市、县三级政府和重点乡镇建立常态化运行的气象灾害防御指挥部和办公室。
- 气象灾害防御列入部分基层政府网格化管理内容,并纳入重点乡镇政府"三定"职责。
- 设立部门联络员,成立专家组,建立信息共享、联合检查、联合会商预警、共商应急防御措施等制度。

社会参与 主体责任
- 公布气象灾害防御重点单位和责任人名录。
- 明确城镇社区和重点单位的气象灾害防御责任。
- 气象信息员覆盖全部行政村,并向重点自然村和城市社区延伸。
- 建立由气象志愿者和微博、微信粉丝组成的气象灾害防御志愿服务队伍。

服务保障 公共服务责任
- 成立省、市、县三级气象灾害防御中心,为政府决策提供技术支持,向社会供给防灾减灾基本公共服务产品。
- 98%的乡镇建立气象信息服务站,所有行政村和部分社区设立信息员。

2012 年 8 月 29 日,河北省省长张庆伟、中国气象局局长郑国光共同为河北省气象灾害防御指挥部、河北省气象灾害防御中心揭牌。

· 河北省气象灾害组织机构

领导机构	各级地方政府
办事机构	气象灾害防御指挥部办公室
工作机构	各成员单位
基层机构	基层信息服务站
支撑机构	各级成员单位及专家组

健全气象灾害防御法规标准体系

在成功应对"7·21"暴雨后,河北省变经验为制度,于2012 年8 月1 日,在《河北省重大气象灾害应急预案》的基础上,出台了全国首部省级分灾种的气象灾害防御工作政府规章——《河北省暴雨灾害防御办法》,之后又相继颁布实施了《河北省暴雪大风寒潮大雾高温灾害防御办法》和《河北省气象灾害防御条例》,并制定了《旅游景区气象灾害防御要求》《尾矿库降雨气象服务规范》等5项地方标准,涵盖地方法规、政府规章、应急预案和防御标准四个方面的法规标准体系更加健全,正规标准,气象灾害应急管理工作的法律依据更加充分。

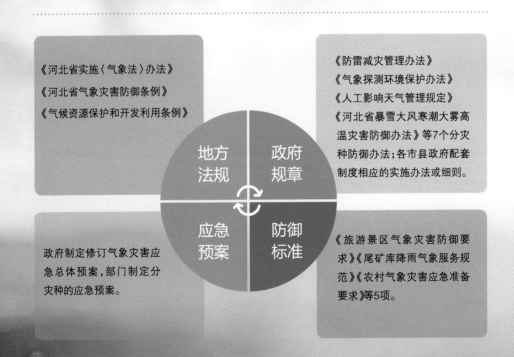

河北省气象灾害防御法规标准体系

《河北省实施〈气象法〉办法》
《河北省气象灾害防御条例》
《气候资源保护和开发利用条例》

《防雷减灾管理办法》
《气象探测环境保护办法》
《人工影响天气管理规定》
《河北省暴雪大风寒潮大雾高温灾害防御办法》等7个分灾种防御办法;各市县政府配套制度相应的实施办法或细则。

地方法规　政府规章　应急预案　防御标准

政府制定修订气象灾害应急总体预案,部门制定分灾种的应急预案。

《旅游景区气象灾害防御要求》《尾矿库降雨气象服务规范》《农村气象灾害应急准备要求》等5项。

《河北省暴雨灾害防御办法》和《河北省暴雪大风寒潮大雾高温灾害防御办法》明确提出了气象灾害防御的行政首长负责制，并针对不同级别的预警响应，详细规定了各级政府、部门、单位乃至社会公众的防御义务。

《河北省气象灾害防御条例》明确了各级气象灾害防御指挥部的法律地位，规定气象灾害的监测、预报、预警和防御工作由各级气象部门负责，解决了从预警信息发布到灾害发生之前，气象灾害防御管理主体不清的问题。

提升气象灾害防御科技支撑能力

· 致灾气象条件监测预报预警业务系统

　　与有关部门共建交通、农业、环境等专业观测系统,与水利、环保等部门共享观测站点数据,地面气象灾害观测站平均间距达5.6千米,建立暴雨、冰雹、大风、大雾等预警指标体系,强对流天气预警发布平均提前量达20分钟以上。

· 气象灾害风险评估预警业务系统

　　建立精细到乡镇的灾害防御基础信息数据库,发布干旱、森林火险、地质灾害、高温中暑、城市内涝、设施大棚风灾、高速道路结冰、雾闪等灾害的风险预报预警产品,风险预警涵盖城乡和农业、交通、公共卫生等主要行业。

2016年7月23日河北省中暑气象风险等级

2016年7月20日08时—21日08时河北省城市内涝气象风险等级

• 突发事件预警信息发布系统

与省、市、县三级和应急办等8部门横纵联通的突发事件预警信息发布系统实现业务运行。共建共享电子显示屏4786块、大喇叭31760个，气象灾害预警信息覆盖率达95%。

• 气象灾害应急指挥系统

建成省、市、县三级联动、部门互联互通的气象灾害防御指挥系统、微信决策服务平台和互联网决策服务系统，建立了与地方党政"一把手"的信息直通渠道。

• 气象灾害防御科普宣传系统

联合省委组织部专项培训县领导172人次，依托省委党校、行政学院培训党政干部2235人次，在922个农村及学校实施雷电灾害防御示范工程，建成97个气象科普基地。科学精准防御气象灾害的公共服务支撑体系逐步完善。

建立气象灾害风险管理体系

建立气象灾害调查、风险排查和区划制度

制定《气象灾害风险普查管理办法》和《气象灾害普查技术规范》，联合省统计局开展分灾种气象灾害风险普查，建成精细到乡镇的基础信息数据库。

建立气象灾害防御标准和规划制修订制度

省级和80%的市、县政府制定、修订气象灾害防御规划，省气象局发布了3年气象灾害防御标准体系规划，制定330项标准执行清单和87项标准制定、修订清单。

建立经济社会发展规划、重大项目气象灾害风险评估和气候可行性论证制度

各级气象主管机构全部加入当地城乡建设规划委员会，省发改委与气象部门开展了重大工程项目气候可行性论证联审联查，地方法规中设立了气候可行性论证制度，"十二五"期间开展气候可行性论证100余项。

建立重点单位和人员密集场所气象灾害防御准备认证制度

90%的县政府开展了气象灾害防御准备认证工作，认证单位达到300多家。

建立气象灾害风险分担和转移制度

开展富岗苹果、迁西板栗等农产品品质气候认证，联合金融等10部门和4家保险公司实施政策性农业保险，2015年仅冰雹一项就向农民赔付1000多万元。

建立气象灾害防御标准、措施落实检查督查制度

指挥部成员单位联合开展落实情况检查，省政府连续4年开展气象防灾减灾绩效管理，考核结果列入政府实绩、干部评优参考依据。

政府部门应急响应案例

暴雨案例："7·21"暴雨

河北9市59县共266.92万人受灾,32人因灾死亡,20人失踪。直接经济损失达约122.87亿元。

·天气实况

暴雨主要集中在河北省中北部,100毫米以上降雨区主要出现在承德南部、秦皇岛中北部、唐山中北部、廊坊中北部、保定北部和沧州市的南皮县等22个县、市。保定北部、廊坊北部、承德南部、唐山北部降特大暴雨,廊坊、固安、涿州、高碑店雨量为254.6～364.4毫米,固安最大为364.4毫米,全省平均降雨量50.2毫米。

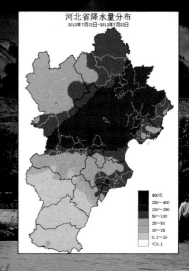

河北省降水量分布
2012年7月21日—2012年7月22日

400以上
250～400
100～250
50～100
25～50
10～25
0.1～10
<0.1

• 灾情

野三坡：遭受自1986年正式开放以来最严重损失，多年建设的基础设施、交通、供水、供电通信等大部分被冲毁，房屋大面积倒塌，1.5万名游客受困，景区运营完全瘫痪。

易县：紫荆关镇、南城司乡和蔡家峪乡三个乡镇交通瘫痪、电力、通信中断，部分村庄被淹。

承德：倒塌损坏房屋1519间，紧急转移安置人口29307人。

涿州：倒塌房屋233间，37个养殖场不同程度受灾，倒塌圈、舍20000多间，畜禽死亡15120头(只)。洪水冲毁桥梁6座，不同程度损毁桥涵13座，损毁道路13000延米。华北铝业、华夏集团等14家工业企业库房进水、生产设备及输电设施不同程度受损。

被暴雨毁坏的房屋　　　　　　　　　　　　被洪水毁坏的庄稼

暴雨过后的紫荆关大桥

预报员们通过天气会商（Forecast Discussion）对未来天气的发展及其依据进行讨论 最后做出预报结论。

☆1 准确预报

20 日预报：预计明后两天河北省大部将先后出现强降雨天气，主要降雨时段集中在明天傍晚到 22 日，大部地区有中到大雨，其中张家口南部、保定、石家庄北部、承德中南部、唐山、秦皇岛、廊坊有暴雨，局部有大暴雨；过程降雨量一般有20～90毫米，局部地区可达100～150毫米。

各级气象部门及时发布预警。

500 hPa高空槽与西太平洋副高和大陆高压两高对峙，联同700（850）hPa低涡和低空急流。

随着地面中尺度低压的发展加强和地面冷锋的东移南压，14 时之后，北京地区处于锋面附近，辐合上升运动进一步加强，降雨强度明显增强。

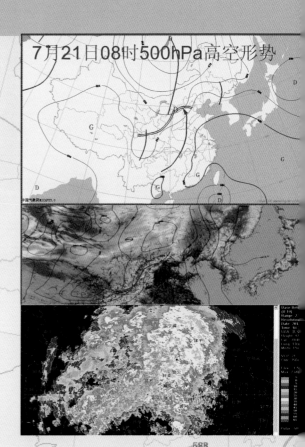

7月21日08时500hPa高空形势

☆2 科学决策

原河北省委书记张庆黎、省长张庆伟在省气象局重要气象专报上作出重要批示。7月21日姚学祥局长陪同副省长、防汛抗旱指挥部指挥长沈小平在防汛抗旱指挥部指挥防汛救灾工作。

决策服务

提前部署 及时到位

↓

气象服务紧急会议
7月19日,召开了全省汛期气象服务紧急会议。

↓

向主要领导进行汇报
19日下班前各级气象部门必须向政府主要领导进行专题汇报。

↓

发布《重要气象专报》
省气象台19日15时发布《重要气象专报》:7月21—22日,河北省大部分地区将出现中到大雨,局部地区有暴雨,个别地点有大暴雨。

会议要求
- 严密监视,加强会商;
- 发挥市、县级指挥部作用;
- 做好预警信息发布、应急管理,加强信息报送;
- 加强公众科普;
- 确保设备稳定网络畅通。

内 部 明 电

冀政办特〔2012〕77号

河北省人民政府办公厅
关于做好强降雨防范工作的紧急通知

省政府7月20日下发内部明电 特急 防范强降雨

重要气象专报

重要天气报告

☆3 应急响应与联动

河北省气象灾害防御指挥部和保定、廊坊、承德等设区市及迁安、南皮、隆化等县（市）的气象灾害防御指挥部，均通过召开联席会议、下发通知文件等方式，紧急部署暴雨防御工作。

政府迅速安排部署　及时转移受灾群众

保定：及时组织转移危险区域群众共15.7万人，其中阜平县转移103人，未造成人员伤亡；涞源紧急疏散2.5万人，转移安置13365人；易县转移人口涉及3个乡镇，安全转移拒马河群众3108户，共10111人；涞水县转移人口涉及18个村，32900人；涿州市组织15个乡镇抢险救灾，共转移群众4.2万人。极大地减少了人员伤亡。

廊坊：固安县、安次区连夜转移受灾群众，香河县北运河、青龙湾成功分洪、泄洪，无一人伤亡。

承德：808个尾矿库、844个地质灾害易发区与57座病险水库遇险并抢险成功，及时转移人口49581人。

唐山：道路防汛重点地段的收水口被提前打开，摆放安全警示架，立交桥及路口积水达0.5米即实施封路断交并派专人看守，关键地段抽水泵车连夜工作，在全市51条道路大面积积水，9座立交桥及10处路口封路断交，积水最深达5米情况下，全市无一辆车被淹，无人员伤亡。

信息员作用凸显

野山坡当地气象信息员组织村民及游客21日12时40分开始转移，当地村民及1.5万名游客提前被转移到安全地带，避免了生命财产损失。

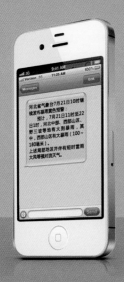

21日开始在省、市、县电视台多个频道滚动（字幕）播发暴雨黄色预警信号；利用电台开展专家连线服务；在河北天气网，省、市气象微博上发布暴雨预警信息。

13时发布暴雨橙色预警信号

14时58分发布暴雨橙色预警信号

☆4 信息发布

20—21日通过短信平台向保定、廊坊、唐山、秦皇岛、承德、石家庄6个地（市）的1519万手机用户全网发布暴雨预警信息。

制作《关注河北主汛期》专题网页，在新浪河北站、长城网、河北新闻网、燕赵都市网、河北天气网和河北省气象局外网等网站进行专题链接，更新预警信息24条，科普类文章14篇。

气象部门统一发布预警

编写《暴雨预警信号科普》《暴雨防范常识》《雨量解释》《泥石流防范措施》《雨天行车司机的安全注意事项》等暴雨及地质灾害防御科普文章对媒体发布。

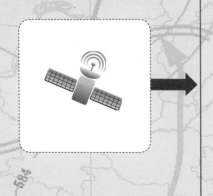

媒体应对途径

 河北广电网络集团 —— 预警播报

 电台 —— 应急广播直播

 电视台 —— 滚动字幕

 政府门户网站 新闻网站 —— 网页新闻

 基础电信 运营商 —— 手机短信群发

☆5 科普宣传

　　7·21暴雨期间,利用"河北天气"官方微博,发布预警信息64条、科普及天气实况136条,引起数十万网友关注,转发评论量1.1万余次,增加粉丝6000余人,获取网友上传灾情图片37张。

　　在中国气象频道本地节目中插播暴雨预警滚动字幕,并在屏幕的右上角叠加暴雨预警符号,日滚动发布预警48条次,暴雨期间累计滚动发布暴雨预警672条次。制作公众《暴雨预警科普专题》3期,通过河北省电视台滚动字幕、电台播出进行科普宣传。

气象灾害应急管理的核心——"一案三制"

一案三制 —— 一案(预案)

三制

"7·21"特大暴雨灾害成功应对原因

"政府主导、部门联动、社会参与"的气象灾害防御体制机制发挥了关键作用，"气象及时预警、部门迅速联动、公众积极响应、及时转移受威胁区域人员"成为一条重要经验。这是应急体系逐步完善的红利，这是科技不断进步的红利。

完善气象灾害联防制度

气象部门发布预警 > 气象灾害防御指挥部成员单位会商 > 决定启动应急响应 > 各地部门进入响应状态 > 做好各类应急处置工作 > 灾后收集灾情，评估灾害影响

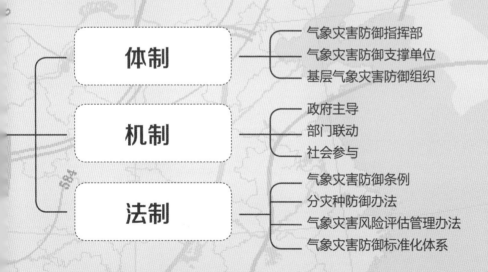

各级政府应急预案
部门专项预案

体制
— 气象灾害防御指挥部
— 气象灾害防御支撑单位
— 基层气象灾害防御组织

机制
— 政府主导
— 部门联动
— 社会参与

法制
— 气象灾害防御条例
— 分灾种防御办法
— 气象灾害风险评估管理办法
— 气象灾害防御标准化体系

参考文献

毛德华,等,2011.灾害学［M］.北京:科学出版社.

杨晓光,李茂松,霍治国,2010.农业气象灾害及其减灾技术[M].北京:化学工业出版社.

臧建升,等,2008.中国气象灾害大典（河北卷)［M］.北京:气象出版社.

朱乾根,等,2007.天气学原理与方法（第四版）[M］.北京:气象出版社.

商彦蕊,2001.河北省农业旱灾脆弱性区划与减灾［J］.灾害学, 16 (3):28-32.

孙霞,等,2014.河北省主要气象灾害时空变化的统计分析［J］.干旱气象, 32 (3): 388-392.

张国华,等,2012.京津冀城市高温的气候特征及城市化效应［J］.生态环境学报, 21（3）:455-463.

国家气象中心,2006. 热带气旋等级:GB/T 19201-2006［S］. 北京:中国标准出版社.

国家气象中心,2011. 海上大风预警等级:GB/T 27958-2011［S］. 北京:中国标准出版社.

国家气象中心,2012a. 降水量等级:GB/T 28592-2012［S］. 北京:中国标准出版社.

国家气象中心,2012b. 冰雹等级:GB/T 27957-2011［S］. 北京:中国标准出版社.

国家气象中心,2012c. 风力等级:GB/T 28591-2012［S］. 北京:中国标准出版社.

国家气象中心,等,2012. 沙尘暴天气预警:GB/T 28593-2012［S］.北京:中国标准出版社.

中国气象局大气探测技术中心,等,2007.地面气象观测规范. 第4部分:天气现象观测:QX/T 48-2007［S］. 北京:气象出版社.

中国气象局乌鲁木齐区域气象中心,2008. 寒潮等级:GB/T 21987-2008［S］. 北京:中国标准出版社.

注:书中有关统计图表均采用河北省气候中心相关统计数据制作。